普通高等教育测绘类专业系列教材

摄影测量实验与实习教程

主　编　曹　爽
副主编　岳　雄　胡倩伟　管海燕　李鑫慧

清华大学出版社
北　京

内 容 简 介

本书结合摄影测量理论教学内容及行业应用需求,设计合理、可行的课内实验及综合实习项目,包括"摄影测量基础实验""摄影测量综合实习基础""摄影测量创新型实践"三方面的实验实习指导,涵盖了立体观察与量测,解析摄影测量重要算法编程以及航摄像片的解译与调绘课内实验指导;eLen 航空摄影测量教学实验系统,模拟航空摄影测量系统,摄影测量云教学系统,无人机影像处理软件以及无人机飞控软件使用介绍;低空无人机航空摄影测量;倾斜摄影测量和模拟航空摄影测量系统综合实习指导。

本书既关注摄影测量基础认识操作和解析摄影测量基本算法,又结合行业生产需求注重学生综合能力培养,可以作为普通高校测绘科学与技术、遥感科学与技术等专业摄影测量课程实验实习教材,也可以作为高职、高专学校测绘类专业摄影测量课程的实验实习教材。

版权所有,侵权必究。举报: 010-62782989,beiqinquan@tup.tsinghua.edu.cn。

图书在版编目(CIP)数据

摄影测量实验与实习教程/曹爽主编. -- 北京: 清华大学出版社,2025.4.
(普通高等教育测绘类专业系列教材). -- ISBN 978-7-302-68945-4
Ⅰ. P23
中国国家版本馆 CIP 数据核字第 20254Z64H7 号

责任编辑: 秦　娜
封面设计: 陈国熙
责任校对: 薄军霞
责任印制: 沈　露

出版发行: 清华大学出版社
网　　址: https://www.tup.com.cn, https://www.wqxuetang.com
地　　址: 北京清华大学学研大厦 A 座　　邮　　编: 100084
社 总 机: 010-83470000　　邮　　购: 010-62786544
投稿与读者服务: 010-62776969, c-service@tup.tsinghua.edu.cn
质量反馈: 010-62772015, zhiliang@tup.tsinghua.edu.cn
印 装 者: 三河市少明印务有限公司
经　　销: 全国新华书店
开　　本: 185mm×260mm　　印　张: 12　　字　数: 287 千字
版　　次: 2025 年 5 月第 1 版　　印　次: 2025 年 5 月第 1 次印刷
定　　价: 45.00 元

产品编号: 099028-01

前 言

摄影测量学课程是测绘类各专业的主干课程之一,它经历过模拟摄影测量、解析摄影测量阶段,进入现在的数字摄影测量阶段。在实际教学中受教学学时影响,摄影测量学课程教学仍以解析摄影测量基础为主,只是简要介绍数字摄影测量的基本概念和简单方法,课程体系主要由理论教学、课内实验和综合实习三部分组成。摄影测量学课程对实践要求很强,课内实验以及综合实习在课程体系中不可或缺。目前,关于摄影测量原理的书籍和教材众多,但尚无指导实践的摄影测量实验与实习教程。编者在教学中根据课程教学内容以及实验设施条件,编写实验和实习讲义,既关注摄影测量基础认识操作和解析摄影测量基本算法,又结合行业生产需求注重学生综合能力培养。多年教学中,顺应学科发展和行业需求不断丰富内容,完成此书。本书可作为测绘工程专业本科生实验和实习指导教材,也可供从事测绘行业的工程技术人员参考。

全书共分为三大部分。第一部分摄影测量基础实验,主要针对摄影测量学课程的课内实验教学指导编写,包括传统的立体观察与量测、解析摄影测量重要算法编写以及航摄像片的解译与调绘;第二部分摄影测量综合实习基础,介绍了 eLen 航空摄影测量教学实验系统、模拟航空摄影测量系统、摄影测量云教学系统、无人机影像处理软件以及无人机飞控软件,为摄影测量综合实习奠定基础;第三部分摄影测量创新型实践,主要面向"摄影测量实习"实践教学,结合实验和实习条件,介绍低空无人机航空摄影测量、倾斜摄影测量和模拟航空摄影测量系统综合实习三个实践实习项目,以期相关院校结合实际设备条件开展摄影测量综合实习时参考。

本书由南京信息工程大学教材基金项目"摄影测量实验与实习教程"资助。教程大部分内容由曹爽撰写完成,岳雄、胡倩伟参加了部分内容的编写,管海燕、李鑫慧对全书进行审稿和修正。特别感谢河海大学李浩教授对本书编写的大力支持与帮助。感谢武汉兆格信息技术有限公司、北京四维远见信息技术有限公司对本书撰写提供的支持与帮助。感谢南京信息工程大学遥感与测绘工程学院实验中心孙景领主任和马文老师对摄影测量实验和实习提供的辅助工作。硕士研究生李涛、胥姜苗和本科生朱丽对本书无人机影像软件处理部分进行了审阅和补充,在此表示由衷感谢!

本书题材大部分来自南京信息工程大学测绘工程专业本科生摄影测量学课内实验以及摄影测量综合实习的课程讲义。eLen 航空摄影测量教学实验系统、模拟航空摄影测量系统、摄影测量云教学系统的介绍参考了各系统的使用说明文件,无人机相关材料主要来自大疆无人机说明书、飞控软件操作说明书,部分材料也参考了大疆无人机论坛等网站的信息。

  本书是在综合国内外相关教材和文献的基础上,结合编者多年实践教学经验整理而成的。书中的一些插图和引用材料,可能由于原始出处不明确,未能一一标注引用来源,在此对相关作者和资料提供者表示感谢。由于编者水平有限,书中难免存在不妥之处,敬请读者批评指正。

编 者

2024 年 7 月于南京

目 录

第1章 绪论 ··· 1
第2章 摄影测量基础实验 ·· 3
  2.1 航空像片立体观察与量测 ··· 3
    2.1.1 立体观察与量测基础知识 ··· 3
    2.1.2 像片立体观察与量测实验 ·· 10
  2.2 影像内定向程序设计 ·· 12
    2.2.1 影像内定向基础知识 ··· 12
    2.2.2 影像内定向程序设计实验 ·· 14
  2.3 单像空间后方交会程序设计 ··· 15
    2.3.1 单像空间后方交会基础知识 ··· 15
    2.3.2 单像空间后方交会程序设计实验 ······································· 19
  2.4 立体像对空间前方交会程序设计 ··· 21
    2.4.1 立体像对空间前方交会基础知识 ······································· 21
    2.4.2 立体像对空间前方交会程序设计实验 ································· 24
  2.5 航摄像片解译与调绘 ·· 25
    2.5.1 航摄像片解译与调绘基础知识 ·· 25
    2.5.2 航摄像片解译与调绘实验 ··· 27
第3章 摄影测量综合实习基础 ·· 29
  3.1 eLen航空摄影测量教学实验系统 ·· 29
    3.1.1 eLen航空摄影测量教学实验系统简介 ································· 29
    3.1.2 数据准备 ·· 30
    3.1.3 空间后方交会及前方交会 ··· 36
    3.1.4 相对定向与绝对定向 ··· 38
    3.1.5 空中三角测量 ·· 43
    3.1.6 影像匹配 ·· 50
    3.1.7 测绘成果生成 ·· 54
    3.1.8 显示与输出 ·· 58
  3.2 模拟航空摄影测量系统 ··· 61

    3.2.1 模拟航空摄影测量系统概述 ································· 61
    3.2.2 模拟航空摄影测量系统操作 ································· 63
  3.3 摄影测量云教学系统 ·· 67
    3.3.1 摄影测量云教学系统概述 ··································· 67
    3.3.2 DPGrid 影像数据处理 ······································ 69
  3.4 无人机影像处理软件 Pix4Dmapper ································ 83
    3.4.1 原始资料准备 ··· 84
    3.4.2 建立工程 ·· 84
    3.4.3 控制点管理 ·· 87
    3.4.4 全自动处理 ·· 92
    3.4.5 质量分析 ·· 96
  3.5 无人机影像处理软件 ContextCapture ······························ 97
    3.5.1 新建工程 ·· 99
    3.5.2 设置控制点 ··· 100
    3.5.3 开启自动处理 ··· 102
    3.5.4 Mesh 产品生产 ··· 105
  3.6 无人机影像处理软件 PhotoScan ·································· 109
    3.6.1 新建工程 ··· 110
    3.6.2 空中三角测量定向 ······································· 117
    3.6.3 产品生产 ··· 122
  3.7 无人机影像处理软件 Agisoft Metashape Professional ················ 127
  3.8 无人机飞控软件 ·· 135
    3.8.1 无人机飞控软件 DJI GO ··································· 135
    3.8.2 无人机飞控软件 Pix4Dcapture ······························ 138
    3.8.3 无人机飞控软件 DJI GS Pro ······························· 139
    3.8.4 无人机飞控软件 Umap ···································· 142

第 4 章 摄影测量创新型实践 ·· 145
  4.1 低空无人机航空摄影测量 ······································· 145
    4.1.1 无人机航空摄影概述 ····································· 145
    4.1.2 像控制点外业测量 ······································· 146
    4.1.3 无人机影像采集 ··· 148
    4.1.4 无人机内业测绘成图 ····································· 150
    4.1.5 低空无人机航空摄影测量综合实习 ························· 151
  4.2 倾斜摄影测量 ··· 166
    4.2.1 倾斜摄影测量概述 ······································· 166
    4.2.2 单镜头倾斜摄影测量影像采集 ····························· 168
    4.2.3 建筑物三维建模 ··· 168

  4.2.4 倾斜摄影测量综合实习 …………………………………………… 169
4.3 模拟航空摄影测量系统 ……………………………………………………… 174
  4.3.1 沙盘控制点测量及影像采集 ………………………………………… 174
  4.3.2 模拟航空摄影测量影像内业处理 …………………………………… 175
  4.3.3 模拟航空摄影测量系统综合实习 …………………………………… 180

参考文献 ……………………………………………………………………………… 182

第1章 绪 论

摄影测量学是测绘学的一门分支学科,它广泛应用于地形测绘、资源调查、灾害监测、城市规划、地理信息系统(geographic information system,GIS)基础数据获取和数字化城市建设等领域。摄影测量从模拟摄影测量开始,经过解析摄影测量阶段,现在已经进入了数字摄影测量阶段。当代的摄影测量是传统摄影测量与计算机视觉相结合的产物,研究的重点是从多源影像自动提取所摄对象的空间信息。尽管摄影测量新技术在不断地发展变化,但仍有规律可循,其摄影测量的基本原理没有改变,只是引入了数字图像处理技术、模式识别理论等对数字影像进行加工处理的技术手段和方法,致使其集成的摄影测量系统功能更为强大,应用领域也更为广泛。

摄影测量学课程理论性与实践性并重,理论联系实践的能力也是行业需要的重要技能。目前,测绘类各专业特别是测绘工程专业基本围绕"解析摄影测量"和"数字摄影测量"的框架建设摄影测量学课程。测绘工程专业在摄影测量学课程后继续开设数字摄影测量学课程,因此在摄影测量学课程中以"解析摄影测量学"为重点。摄影测量学课程一般设置占总学时 1/3 的课内实验,另外设置两周独立实践教学和摄影测量综合实习。

无人机的出现使航空摄影测量彻底变革为大众化、平民化行业,无人机生产成本大幅降低使得其在各个领域得到了广泛应用,特别是在现代测绘领域,无人机颠覆了传统测绘的作业方式,已经成为生产单位的主流生产方式。因此,当前行业生产现状对摄影测量学的教学,特别是实践教学提出了新的要求,实验和实习项目的安排既要加深学生对理论知识的理解,又要满足行业生产的需求,注重学生综合能力的培养。

1. 摄影测量课内实验的目的与意义

摄影测量课内实验属于摄影测量学课程教学内容的一部分,课内实验使学生系统、全面地学习并应用摄影测量基本理论知识,锻炼学生实践技能。学生通过立体观察与量测、航摄像片解译与调绘、解析摄影测量经典算法编程以及 eLen 航空摄影测量教学实验系统操作,紧密结合理论教学知识内容,利用现有仪器设备及资料进行综合训练,理解掌握理论知识,夯实实践技能。

2. 摄影测量综合实习的目的与意义

摄影测量综合实习与摄影测量学课程联系紧密但又具有一定独立性,目的是使学生能够在实践中进一步理解所学摄影测量理论知识,并系统、全面地应用已学摄影测量知识,锻炼专业实践技能。综合实习的组织需要结合测绘生产单位实际作业流程,将课堂理论与实践相融合,有利于学生进一步深入掌握和理解摄影测量学的基本概念和原理,加强摄影测量学基本技能训练,培养学生分析和解决实际问题的能力。

综合实习设置低空无人机航空摄影测量实习、倾斜摄影测量实习以及模拟航空摄影测量系统综合实习等,实际使用无人机航飞获取影像数据,或者利用模拟航空摄影测量系统模拟无人机外业航飞数据采集,了解航线设计、控制点布设、航空飞行以及影像数据质量检查等过程。实际使用数字摄影测量系统内业处理,了解数字摄影测量的内定向、相对定向、绝对定向、空中三角测量、数字高程模型(digital elevation model,DEM)、数字正射影像(digital orthophoto map,DOM)、测图生产过程及方法,给即将从事测绘工作的学生奠定应用基础。

综合实习可以使学生熟悉测绘行业规范标准,完成完整的实习项目可以提高学生测绘工程组织能力。学生在团队中独立或合作开展工作,共同推进团队工作的实施,可以培养学生团队合作精神、交流沟通能力和团队协作的能力。

3. 摄影测量实验和实习安排

根据摄影测量学课程教学要求,结合当前航测单位实际生产作业情况,本教程的实验和实习指导分为课内实验及综合实习两部分。

课内实验侧重结合摄影测量课程理论教学内容,根据实验设备条件,实验内容可以安排航空像片立体观察与量测、解析摄影测量重要算法编程、航摄像片解译与调绘、eLen航空摄影测量教学实验系统操作,可以安排12学时以上。

摄影测量综合实习是独立于摄影测量学理论教学的实践教学内容,可根据实验设备条件安排模拟航空摄影测量系统综合实习、低空无人机航空摄影测量实习、倾斜摄影测量实习等。实习项目涵盖外业及内业全流程工作,学时安排2周以上。学生运用课内理论知识与课内实验掌握的基本技能,通过团队分工合作和个人操作完成实习。

第2章 摄影测量基础实验

摄影测量学理论基本概念多、公式推导多、内容抽象、空间关系复杂、逻辑严密,理论教学使学生对摄影测量的理解更多地存在于感性认知。摄影测量学课程一般都设置课内实验,紧密结合摄影测量课程理论教学内容,根据实验设备条件安排实验内容。通过课内实验有助于学生深刻理解抽象教学内容,激发学习兴趣,帮助学生系统、全面地学习摄影测量基础知识,锻炼实践技能。

2.1 航空像片立体观察与量测

在摄影测量中,一般情况下利用单幅影像是不能确定物体上点的空间位置的,只能确定物点所在的空间方向。要获得物点的空间位置,一般需要利用两幅相互重叠的影像构成立体模型来确定被摄物体的空间位置。

立体测图也称为双像立体测图,是以两个相邻摄站所摄取的具有一定重叠度的一对像片为量测单元,来获取地物空间位置信息的方法。通过航空像片立体观察与立体量测实验:了解人造立体视觉的原理;掌握观察人造立体视觉的四个条件;掌握人造立体观察与量测方法,借助仪器进行立体观察;掌握数字摄影测量系统立体测图的方法步骤。

2.1.1 立体观察与量测基础知识

1. 双眼观察的天然立体视觉

人的眼睛就像一架完善的自动调焦摄影机,当人们观察物体时,眼球中的水晶体相当于镜头,眼睛瞳孔的作用类似光圈,后面的网膜相当于感光片。网膜的中央有网膜窝,是视觉最灵敏的地方。网膜窝中心与水晶体后节点的连线叫作眼的视轴。当人眼注视某物点时,视轴会自动地转向该点,使该点成像在网膜窝中心,同时随着物体离人眼的远近自动改变水晶体的曲率,使物体在网膜上的构像清晰。眼睛的这种本能称为眼的调节。当人用双眼观察物体时,双眼会本能地使物体的像落于左右两网膜窝中心,即视轴交会于所注视的物点上。这种本能称为眼的交会。在生理习惯上,眼的交会动作与眼的调节是同时进行、永远协调的。图 2-1 所示是人眼的结构示意图。

当人们用单眼观察景物时,感觉到的仅仅是景物的透视图,不能正确判断景物的远近,

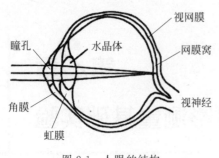

图 2-1 人眼的结构

而只能凭经验去间接地判断。只有用双眼同时观察景物,才能分辨出物体的远近,得到景物的立体效应,这种现象称为人眼的天然立体视觉。

人的双眼观察为什么会产生天然立体视觉从而能分辨出远近不同的景物呢?如图 2-2 所示,有一物点 A,距双眼的距离为 L,当双眼注视 A 点时,两眼的视准轴本能地交会于该点,此时两视轴相交的角度 γ,称为交会角。在两眼交会的同时,水晶体自动调节焦距,得到最清晰的影像。交会与调节焦距这两项动作是本能进行的,人眼的这种本能称为凝视。当双眼凝视 A 点时,在两眼的网膜窝中央就得到构像 a 和 a';若 A 点附近有一点 B,较 A 点近,距双眼的距离为 $L-\mathrm{d}L$,同样得到构像 b、b'。由于 A、B 两点距眼睛的距离不等,致使网膜窝上 ab 弧长与 $a'b'$ 弧长不相等,$\sigma=ab-a'b'$,称为生理视差,生理视差也反映为观察 A、B 两点交会角的差别。双眼交会 A 点时的交会角为 γ,双眼交会 B 点时的交会角为 $\gamma+\mathrm{d}\gamma$,$\gamma+\mathrm{d}\gamma>\gamma$,据此,人的双眼能够区别物体的远近,生理视差是产生天然立体视觉的根本原因。

2. 人造立体视觉

当用双眼观察空间远近不同的景物 A、B 时,两眼产生生理视差,获得立体视觉,可以判断景物的远近。如果此时在双眼前各放一块玻璃片,如图 2-3 中的 P 和 P',则 A 和 B 两点分别得到影像 a、b 和 a'、b'。若玻璃上有感光材料,影像就分别记录在 P 和 P'上,当移开实物后,两眼分别观看各自玻璃片上的构像,仍能看到与实物一样的空间景物 A 和 B,这就是空间景物在人眼网膜窝上产生生理视差的人眼立体视觉效应。其过程为:空间景物在感光材料上构像,再用人眼观察构像的像片而产生生理视差,重建空间景物立体视觉。这样的立体视觉称为人造立体视觉,所有看到的立体模型称为视模型。

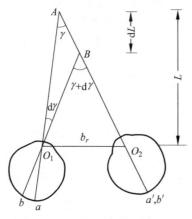

图 2-2 人眼的立体视觉

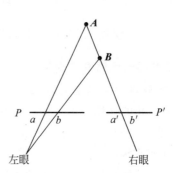

图 2-3 人造立体视觉

根据人造立体视觉原理,在摄影测量中规定摄影时保持像片的重叠度在 60% 以上,是为了让同一地面景物在相邻两张像片上都有影像,它完全类同于上述两玻璃片上记录的景物影像。利用相邻像片组成的像对,进行双眼观察(左眼看左片,右眼看右片),同样可以获得所摄地面景物的立体模型,这样就奠定了立体摄影测量的基础。如上所述,人造立体视觉必须符合自然界立体观察的条件。

(1) 两张像片必须是在两个不同位置对同一景物摄取的立体像对。

(2) 每只眼睛必须只能观察像对的一张像片,即双眼观察像对时必须保持两眼分别只能对一张像片进行观察,这一条件称为分像条件。

(3) 两张像片上相同景物(同名像点)的连线和眼睛基线应大致平行。

(4) 两张像片之间的距离应与双眼的交会角相适应。

(5) 两张像片的比例尺相近(差别<15%),否则需要使用 ZOOM 系统等进行调节。

进行像对立体观察时,在满足上述条件的情况下,如果像片相对眼睛安放的位置不同,可以得到不同的立体效果,即可能产生正立体效应、反立体效应和零立体效应。

1) 正立体效应

当左、右眼分别观察立体像对的左、右像片时,形成的与实地景物起伏(远近)一致的立体感觉称为正立体效应,如图 2-4(a)所示。这是由于人眼观察像片得到的生理视差与人眼看实物的生理视差符号相同。在视模型中,人们看到的地面景物的远近或者高低起伏与实际地面景物远近或者高低起伏相同,从而实现了地物的三维重建。正立体效应广泛应用于摄影测量的各个环节之中。

2) 反立体效应

将立体像对的两张像片作为一个整体,在其自身平面内旋转 180°,观察位置不变,使左眼看右像、右眼看左像,得到的仍是立体像对,仅方位相差 180°,称为反立体效应,如图 2-4(b)所示。用这种方法观察航空摄影的立体像对,就能看到连绵起伏的山脉、低洼的山谷、河流,获得与地形相似的立体模型。

3) 零立体效应

把正立体情况下的两张像片,在各自平面内按同一方向旋转 90°,使像片上纵横坐标互换,像对上原有的左右视差较旋转后转变为上下视差,而原有的上下视差则转变为左右视差,起伏的视模型变平,称为零立体效应,如图 2-4(c)所示。人眼对于量测左右视差的精度高于上下视差,所以在量测上下视差时,为了提高量测精度,可采用零立体效应进行 y 方向的坐标量测。

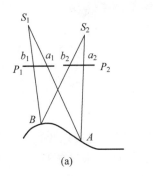
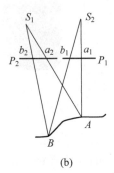
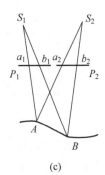

图 2-4 立体效应原理图

(a) 正立体效应;(b) 反立体效应(左右像片对调);(c) 零立体效应(像片旋转 90°)

立体像对左右像片不同摆放进行观察可分别产生正立体效应、反立体效应和零立体效应,像片摆放如图 2-5 所示。

图 2-5　立体效应示意图

3. 像对的立体观察

建立人造立体视觉时,除满足(1)、(3)、(4)、(5)条件外,还要求观察立体像对的双眼分别只能观察其中的一张像片,俗称分像,这与我们平时观看物体双眼交会与凝视的本能相违背。可借助立体镜或其他工具来帮助人眼顺利达到分像,使两眼分别只观察一张像片。观察立体像对时,一种是直接观察两张像片,构成立体视觉,它是借用立体镜来达到分像,即立体镜观察法。另一种是通过光学投影,将两张像片的影像重叠投影在一起,此时需通过其他措施使两眼只能分别看到重叠影像中的一个。这种立体观察,不是直接观察像片,而是观察两张像片投影到同一平面的重叠影像,为了加以区别,称后一种为叠影观察法。

1) 立体镜观察法

立体镜的主要作用是让一只眼睛能清晰地只看一张像片的影像。它克服了肉眼观察立体时强制调焦与交会所引起的人眼疲劳,所以得到广泛应用。最简单的立体镜是桥式立体镜,它是在一个桥架上安装一对低倍率的简单透镜,两透镜的光轴平行,其间距约为人眼的眼基线距离,桥架的高度等于透镜焦距,如图 2-6 所示。观察时,像片对放在透镜的焦面上,物点影像经过透镜后射出来的光线是平行光,使观察者感到物体像是观察远处的自然景物一样,人眼的调焦与交会本能基本统一。

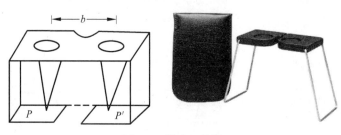

图 2-6　桥式立体镜

小型立体镜只适合观察小像幅的像片对,若要观察大像幅的航摄像片,就要用长焦距的反光立体镜,是为了便于航摄像对的立体观察而设计的一种立体观察工具,如图 2-7 所示。反光立体镜由两对反光镜和一对透镜组成,平面镜安置成 45°的倾角。在反光镜下面安置的左右像片上的像点所发出的光线,经反光镜的两次反射后分别进入人的左右两眼,达到分像的目的。同时,观察的像片位于反光镜透镜的焦面附近,像点发出的光线经透镜后接近平行光束,因而眼睛始终调节在远点上,很容易使交会与调节相适应而得到清晰的立体效果。透镜的唯一作用是放大,反光立体镜放大倍率为 1.5～2 倍,主要是在竖直方向夸大,使地面的起伏变大,这种变形有利于高程的量测。

图 2-7　反光立体镜

反光立体镜常配有视差杆,可用来测定像点间的高差,其构造如图 2-8 所示,主要由伸缩的螺旋杆 A、固定螺丝 B、测微鼓 C、分划尺 D、视差螺丝 E、测标板 F 等部件组成。左方测标玻璃板能在伸缩杆上一定范围内滑动,可由固定螺丝 B 固定在所需要的位置上,右方测标板固定在杆的右端,借助视差螺丝 E 的旋转可向左右慢慢移动。所以两测标间的距离能随意变动,读数可在分划尺 D 和测微鼓 E 上分别读出,分划尺上刻画以 0.5mm 为单位,最小读数为 0.5mm;测微鼓上分划是将 1mm 分为 100 份,每分划的读数是 0.01mm。

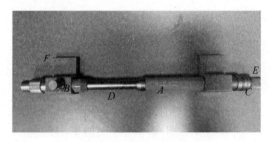

图 2-8　视差杆构造

2) 叠影观察法

当一个立体像对的两张像片在恢复了摄影时的相对位置后,用灯光照射到像片上,其光线通过像片投射至承影面上,两张像片的影像相互重叠。如何满足一只眼睛只看到一张像片的投影影像来观察立体影像呢？这就要用到"分像"的方法。常用的"分像"方法有互补色法、偏振光法、光闸法以及液晶闪闭法。其中,前三种方法广泛用于模拟的立体测图仪器中;液晶闪闭法是一种新型的立体观察方法,广泛用于现代的数字摄影测量系统中。现分别叙述其原理。

(1) 互补色法

光谱中两种色光混合在一起成为白色光,这两种色光称为互补色光。常用的互补色是品红色与蓝绿色(习惯简称为红色与绿色)。在暗室中,如图 2-9 所示,在左方投影器中插入红色滤光片,投影在承影面上的影像为红色影像。右方投影器中插入绿色滤光片,在承影面上得到的影像是绿色的。如果观察者戴上左红右绿的眼镜进行观察,因为红色镜片只透过红色光,而绿色光被吸收了,所以通过红色镜片只能看到左边的红色影像,看不到右边的绿色影像。同理,绿色镜片只能透过绿色光,也只能看到右边的绿色影像,而看不到左边的红色影像。从而达到一只眼睛只看到一张影像的"分像"目的,观察到地面立体模型。图 2-9 中,两投影器的投影光线交点 A 为几何模型点,而两眼视线观察交点 A' 为视模型点,它随人眼观察位置的不同而变动。当承影面上有一升降的测绘台,测绘台升到 E_0 面上时,观察到的 A' 点即为几何模型上的位置,从而达到视模型点与几何模型点两者的统一。在量测时,通过测绘台的升降,观察到的视模型点能与几何模型的相应点重合,以保持模型点的量测不受影响。

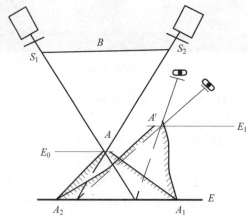

图 2-9　互补色法立体观察

(2) 偏振光法

光线通过偏振器分解出偏振光,偏振光的横向光波波动只在偏振平面内进行。在偏振光的光路中,如有另一个偏振器,偏振光通过第二个偏振器后,光的强度将随两个偏振器的偏振平面相对旋角而改变,当两偏振平面相互平行时,将获得最大光强的偏振光;当两偏振平面相垂直时,偏振光则不能通过第二个偏振器,在偏振器的另一边就看不见光线。利用这种特性,在一对像片的投影光路中,放置一个偏振平面相互垂直的偏振器,以两组横向光波波动成相互垂直的偏振光,将影像投影在特制的承影面上,观测者戴上偏振眼镜,两镜片的偏振平面也相互垂直,且分别与投射光路中偏振器偏振平面相平行或垂直,这样双眼观察叠映在同一承影面的两像片影像时,就能达到"分像"的目的,如图 2-10 所示。

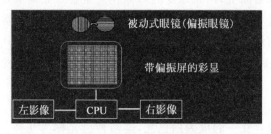

图 2-10　偏振光法立体观察

(3) 光闸法

光闸法立体观察,是在投影的光线中安装两个光闸,并且这两个光闸相互错开,即一个打开时另一个关闭。人眼观察时,要戴上与投影器中光闸同步的光闸眼镜,这样就能让一只眼睛只看到一张影像。由于影像在人眼中的构像能保持 0.15s 的视觉暂留,这样光闸启闭的频率只要每秒大于 10 次,人眼中的影像就会连续,从而构成立体视觉。光闸法的优点是投影光线的亮度很少损失,缺点是振动与噪声不利于工作。

(4) 液晶闪闭法

液晶闪闭法主要依赖液晶闪闭眼镜,它主要由液晶眼镜和红外发生器组成,如图 2-11 所示。利用液晶的特性和电流的改变使液晶镜片一瞬间透光、一瞬间不透光,通过一个控制盒,由计算机控制液晶镜片的透光与否。当计算机上显示左片时,控制左边的镜片透光,而右边的镜片不透光;在下一瞬间,计算机上显示右片时,控制右边的镜

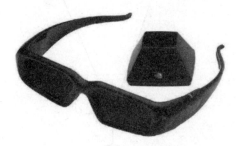

图 2-11 液晶眼镜和红外发生器

片透光,而左边的镜片不透光。这样每一瞬间只有一只眼睛能看到航片,由于闪闭频率较高(100Hz),虽然此时只看到一张航片,但另一张航片的视觉残留仍在大脑中,大脑就会将两张航片视觉融合起来,犹如看电影一样,每一个画面都是静止的,但我们感觉电影是活动的画面。这是通过左右航片的交替出现来实现分像目的的。

目前,数字摄影测量工作站中,常用的是同步闪闭法及偏振光法。

4. 像对的立体量测

在地面上进行测量有时要在测求的地形点上竖立人造的清晰标志,便于辨认。观测时借助仪器望远镜内的十字丝去视准该点。在摄影测量中,为求得地形点的空间位置,首先要在一对像片上辨认出地形点的同名像点,这比较困难;用相当于十字丝作用的测标去对准单张像片上没有明显特征的地形点影像,又很难保证准确。因此,摄影测量仪器都要采用像对的立体观察方法,以浮游测标切准视模型点作为量测的手段。

摄影测量仪器中为建立瞄准用的浮游测标,可使用双测标和单测标两种方法。这里提出浮游测标是因为量测空间点位时测标需作三维运动。

单测标法立体量测如图 2-12 所示,当测绘台水平承影面 Q 中央的光点测标与某一地面点 A 相切时,测标的位置就是测点的空间位置,Q' 为录影面初始位置。

双测标法是用两个真实测标放在左右两像片上或左右像点的观察视线的光路中,在立体观察像对时,左右两测标可当作一对同名像点看待,同样可以获得一个视觉的空间虚测标,就用这个虚测标去量测视模型。设像对已定向,满足了人造立体效能的条件,其上有一对同名像点 a_1 和 a_2,如图 2-13 所示,在立体观察下能得到视模型点 A。现若像片上各有一个真实测标 M_1 和 M_2,在立体观察下得虚测标 M'。虚测标 M' 并未照准模型点 A。将实测标 M_1、M_2 在像片上移动,就会看到虚测标在空间运动,当虚测标 M' 正好与视模型点 A 相重合时,就完成了瞄准工作。这时,实测标 M_1 和 M_2 就分别落在同名像点 a_1 和 a_2 上,根据测标 M_1 和 M_2 在像片上的位置就能辨认出一对像片上的同名像点。两实测标相对于起始位置的运动量可由相应分划尺读出,这就是像点在像片上的坐标值。现在的立体摄影测量仪器多采用双筒光学系统的立体镜作为立体观察系统,所以也都是采用双测标法进行立体量测。双测标法的测标有圆点、圆圈、T 形、斜 T 形和直线等形状。

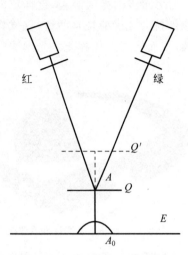 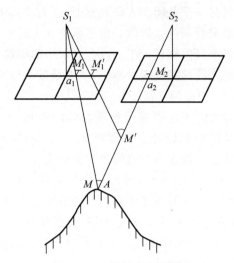

图 2-12　单测标法立体量测　　　　图 2-13　双测标法立体量测

2.1.2　像片立体观察与量测实验

1. 实验目的与要求

(1) 了解人造立体视觉的原理。
(2) 掌握观察人造立体的四个条件。
(3) 掌握人造立体观察方法,区分立体像对的左片和右片,借助仪器进行立体观察。
(4) 通过认真操作,清晰观察像片的三种立体视觉(正立体、反立体、零立体)。
(5) 了解掌握视差杆的构造与使用方法。
(6) 学会在航片上量测视差。
(7) 了解数字影像像点量测基本过程。

2. 实验内容

(1) 桥式立体镜观察。
(2) 反光立体镜观察正立体、反立体、零立体。
(3) 利用反光立体镜进行简单量测。
(4) 数字影像像点坐标量测。

3. 实验仪器与资料

桥式立体镜、反光立体镜、直尺。

4. 实验步骤

1) 桥式立体镜观察

(1) 将像对按方位线定向,使两像片上的相应方位线(本片像主点与邻片像主点相应像点的连线)位于一条直线上。
(2) 沿方位线方向使两像片相对地左右移动,以改变像片之间的距离,使相应视线的交会角与眼的交会角相适应。

(3) 使观察基线与像片上方位线平行,即可进行像对立体观察。

2) 反光立体镜观察

(1) 将航空像对置于反光立体镜下,像对的基线应与眼睛基线平行,即找出立体像对同名像点的连线方向与眼睛基线大致平行,同名像点重合。每只眼睛分别看一张像片,即左眼看左像片,右眼看右像片。

(2) 注意使像片上地形地物的阴影投向自己。因为人对物体的立体感觉习惯于光源来自前方,阴影投向自己,这样才能使判读结果正确,否则会出现反立体效应。

(3) 用左右手的食指分别指向两张像片上的共同标志点,然后移动其中一张像片,使两手指重合。

(4) 按照以下方式观察立体像对。

① 左眼看左像片,右眼看右像片,体会正立体效应。

② 左眼看右像片,右眼看左像片,体会反立体效应。

③ 左片逆时针旋转 90°,右片顺时针旋转 90°,左眼看左像片,右眼看右像片,体会零立体效应。

3) 反光立体镜量测

(1) 量测视差

在建立的立体模型像对上放置视差杆,将左测标精确对准左像片上的地物点 A,在立体镜下观察,转动视差螺丝,移动右测标,使左右测标融合成一个测标,切在地物点上时,读取读数 P_A。用同样方法,测定另一点 B 的视差 P_B,一般重复 2~3 次,然后计算它们之间的视差较 ΔP:

$$\Delta P = P_B - P_A \tag{2-1}$$

如果没有视差杆,可用直尺在像对上量得左右视差较 ΔP。在左像片上选择两点 a_1、b_1,在右像片上的同名地物点为 a_2、b_2,立体镜下建立模型后,量出 o_1o_2、a_1a_2 和 b_1b_2 的长度,$o_1o_2=L_o$,$a_1a_2=L_a$,$b_1b_2=L_b$,可以计算 $P_b=L_o-L_b$,$P_a=L_o-L_a$,$\Delta P_{b-a}=L_a-L_b$,如图 2-14 所示。

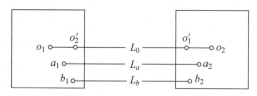

图 2-14 直尺量测像点左右视差图

(2) 计算高程

第一步,首先计算出高差,B 点相对于起始点 A 的高差为

$$\Delta h_{AB} = H_A \frac{\Delta P}{P_b} \tag{2-2}$$

式中,H_A 为起始点 A 的航高(从航片上查取或由绝对航高计算)。

第二步,计算待测点 B 的高程为

$$h_B = h_A + \Delta h_{AB} \tag{2-3}$$

式中,h_A 为始点 A 的高程(从地形图或资料查出)。

4) 数字影像像点坐标量测

利用通用图像处理软件(如 Photoshop)打开立体像对左右两幅影像,在重叠区域内选择所要量测的地物(如道路、房屋、水体等),将光标分别放在地物特征点在左右影像的构像像点上,自行设计表格记录下同名地物特征点的像素坐标(注意,利用图像处理软件量测时,量测单位应设置为"像素"),并对地物特征点进行编号,同时记录下地物特征点的连接情况。

5. 实习应交成果

(1) 视差法求地物点高程计算表一张(见表 2-1)。
(2) 数字影像立体像对像点量测成果表一张。
(3) 实习报告一份。

表 2-1 视差法求地物点高程计算表

起始点 A 高程 $h_A=$ 　　　　　　　　起始点 A 航高 $H_A=$

起始点 A 距离 $a_1a_2=$ 　　　　　　　像主点 o_1o_2 之间距离 $o_1o_2=$

地物点号	像对距离 $b_{i1}b_{i2}$/mm	P_A/mm	P_i/mm	视差较 $\Delta P = P_i - P_A$	地物点间高差/m	测定高程/m	理论高程/m	相对误差/%
1								
2								
3								
4								

2.2 影像内定向程序设计

2.2.1 影像内定向基础知识

像点坐标获取是摄影测量内业处理工作的基础。在传统摄影测量中是将像片放到仪器承片盘上进行量测,如图 2-15 所示,但此时所量测的像点坐标称为影像架坐标或仪器坐标。摄影测量解析计算中所用的像点坐标是以影像像主点为原点的像平面直角坐标,因此要将影像架坐标或仪器坐标通过平面相似变换等公式进行坐标转换。如图 2-16 所示,p 为像片中心,也是框标连线的中心,以它为坐标原点建立框标坐标系,x 轴为航线方向,y 轴垂直于 x 轴;o 为像主点,像平面直角坐标系以 o 为坐标原点,坐标轴与框标坐标系的轴平行。将像点影像架坐标变换为以影像上像主点为原点的像平面直角坐标系中的坐标的过程称为**影像内定向**。通过影像内定向可以纠正影像的变形。

对于数字化影像,当在计算机上以数字形式量测像点坐标时,由于在影像扫描数字化过程中,影像在扫描仪上的位置通常也是任意放置的,因此所量测的像点坐标也存在着从扫描坐标到像平面直角坐标的转换,这同样也是影像内定向。

影像架坐标系实际上就是像片的框标坐标系,内定向需要借助影像的框标(图 2-17)完成。现代航摄仪一般都具有 4~8 个框标,位于影像四边中间的为机械框标,位于影像四角的为光学框标,如图 2-18 所示。框标一般对称分布。

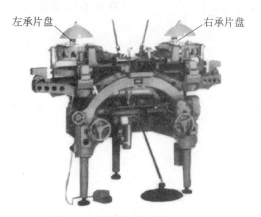
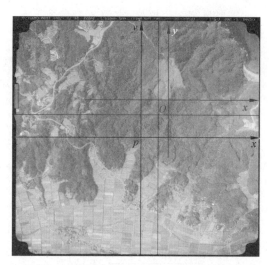

图 2-15　影像架量测像点坐标　　　　　图 2-16　框标坐标系与像平面直角坐标系

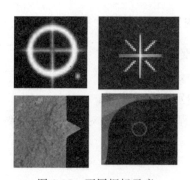

图 2-17　不同框标示意　　　　　　　　图 2-18　航空影像上的框标

为了进行内定向,必须量测影像上框标点的影像架坐标或扫描坐标,然后根据量测相机的检定结果所提供的框标理论坐标(传统摄影测量中也用框标距理论值),利用平面相似变换等公式通过坐标转换方法进行内定向,从而获得所量测各点的影像坐标。

如果量测的框标构像的影像架坐标或扫描坐标为(x', y'),并已知它们的理论影像坐标为(x, y),则可在解析内定向过程中,将量测的坐标归算到所要求的像坐标系,并部分地改正底片变形误差与光学畸变差。

内定向通常采用多项式变换公式,基本形式表示为

$$X = AX' + t \tag{2-4}$$

式中,X 为像点的像平面坐标;X' 为像点的量测坐标,A 为变换矩阵;t 为变换参数。

常采用的多项式变换公式有以下几种。

(1) 线性正形变换公式

$$\left. \begin{array}{l} x = a_0 + a_1 x' - a_2 y' \\ y = a_3 + a_2 x' + a_1 y' \end{array} \right\} \tag{2-5}$$

需要量测 3 个框标,求解 4 个参数。

(2) 仿射变换公式

$$\left.\begin{array}{l}x=a_0+a_1x'+a_2y'\\y=b_0+b_1x'+b_2y'\end{array}\right\} \quad (2\text{-}6)$$

需要量测 4 个框标,求解 6 个参数。

(3) 双线性变换公式

$$\left.\begin{array}{l}x=a_0+a_1x'+a_2y'+a_3x'y'\\y=b_0+b_1x'+b_2y'+b_3x'y'\end{array}\right\} \quad (2\text{-}7)$$

需要量测 8 个框标,求解 8 个参数。

(4) 投影变换公式

$$\left.\begin{array}{l}x=a_0+a_1x'+a_2y'+a_3x'y'+a_4x'^2\\y=b_0+b_1x'+b_2y'+b_3x'y'+b_4y'^2\end{array}\right\} \quad (2\text{-}8)$$

需要量测 8 个框标,求解 10 个参数。

依据式(2-5)~式(2-8)任一公式,均可完成影像内定向,具体的步骤如图 2-19 所示。

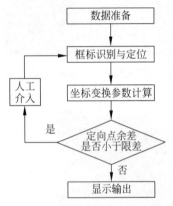

图 2-19 像片内定向作业步骤

2.2.2 影像内定向程序设计实验

1. 实验目的与要求

(1) 掌握数字内定向的原理。

(2) 掌握像片内定向作业步骤。

(3) 利用计算机编程语言实现数字内定向的过程,完成立体像对两幅像片影像的数字内定向。

2. 实验数据

立体像对两幅像片(2401、2402)。像片上 4 个框标点的理论位置以及像素坐标,具体如表 2-2 所示。

表 2-2 立体像对框标像平面坐标以及像素坐标数据

	2401		2402	
像素坐标/pixel	u	v	u	v
框标坐标/mm	x	y	x	y
1	417.229	190.964	412.029	198.964
	−110.000	109.999	−110.000	109.999
2	8277.836	335.614	8271.936	367.414
	109.999	110.006	109.999	110.006
3	8130.907	8195.164	8101.307	8226.264
	109.987	−109.997	109.987	−109.997
4	269.864	8050.136	241.064	8058.036
	−109.999	−109.999	−109.999	−109.999

3. 实验内容

1) 像片内定向求解过程

利用航摄像片上的4个框标点的理论位置以及4个框标点的像素坐标为依据,将框标点的像素坐标通过式(2-5)~式(2-8)任一公式可以转换成其理论坐标。

依据仿射变换公式进行内定向为例,列出方程:

$$\left.\begin{array}{l}x = a_0 + a_1 u + a_2 v \\ y = b_0 + b_1 u + b_2 v\end{array}\right\} \quad (2\text{-}9)$$

通过式(2-9)计算6个内定向参数:a_0、a_1、a_2、b_0、b_1、b_2,表 2-2 中给出 4 组框标坐标,可利用最小二乘法求解,先列出误差方程,法化后平差求解参数,具体程序流程如图 2-20 所示。

2) 实验结果

2401 定向参数:

x 方向:$a_0 = -121.766\,062$,$a_1 = 0.027\,976$,$a_2 = 0.000\,523$,精度 $= 0.006\,349$

y 方向:$b_0 = 115.125\,954$,$b_1 = 0.000\,516$,$b_2 = -0.027\,982$,精度 $= 0.001\,338$

2402 定向参数:

x 方向:$a_0 = -121.642\,018$,$a_1 = 0.027\,976$,$a_2 = 0.000\,607$,精度 $= 0.005\,566$

y 方向:$b_0 = 115.321\,828$,$b_1 = 0.000\,600$,$b_2 = -0.027\,981$,精度 $= 0.002\,853$

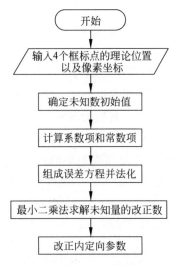

图 2-20 像片内定向程序流程图

2.3 单像空间后方交会

2.3.1 单像空间后方交会基础知识

根据共线方程,利用像片覆盖范围内地面上3个以上控制点的坐标以及对应点的像点坐标,求解该像片在摄影曝光时刻的6个外方位元素 X_S、Y_S、Z_S、φ、ω、κ 的过程,称为**单像空间后方交会**,如图 2-21 所示。

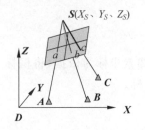

图 2-21 单像空间后方交会

1. 空间后方交会的基本公式

进行空间后方交会计算,常用的基本公式即共线方程:

$$\left.\begin{array}{l} x = -f\dfrac{a_1(X-X_S)+b_1(Y-Y_S)+c_1(Z-Z_S)}{a_3(X-X_S)+b_3(Y-Y_S)+c_3(Z-Z_S)} \\ y = -f\dfrac{a_2(X-X_S)+b_2(Y-Y_S)+c_2(Z-Z_S)}{a_3(X-X_S)+b_3(Y-Y_S)+c_3(Z-Z_S)} \end{array}\right\} \quad (2\text{-}10)$$

式中,X、Y、Z 通过常规地面测量或卫星测量得到;x、y 通过影像量测得到;f 为主距,一般已知。因此,共线方程中的未知数只有 6 个,即外方位元素 X_S、Y_S、Z_S、φ、ω、κ。

进行空间后方交会至少应有 3 个已知物方坐标的像片控制点。由式(2-10),1 个像片控制点可列出 2 个方程式,当有 3 个不位于一条直线上的像片控制点时,就可列出 6 个独立的方程式,求解 6 个外方位元素的值。当然,这只是理论上有解,具体计算时,会发现共线方程是外方位元素的非线性函数,直接解算未知数几乎是不可能的。对这类问题,解决的方法是采用工程中常用的非线性方程的迭代解法,计算得到未知数的数值解。为此,要由共线方程的严密公式推导出一次项近似公式,即使之变为未知数的线性函数,这一过程称为非线性函数的线性化。通常的做法是将非线性函数按泰勒级数展开,取至一次项,对共线方程式(2-10),线性化后得到式(2-11):

$$\left.\begin{array}{l} x = (x) + \dfrac{\partial x}{\partial X_S}\mathrm{d}X_S + \dfrac{\partial x}{\partial Y_S}\mathrm{d}Y_S + \dfrac{\partial x}{\partial Z_S}\mathrm{d}Z_S + \dfrac{\partial x}{\partial \varphi}\mathrm{d}\varphi + \dfrac{\partial x}{\partial \omega}\mathrm{d}\omega + \dfrac{\partial x}{\partial \kappa}\mathrm{d}\kappa \\ y = (y) + \dfrac{\partial y}{\partial X_S}\mathrm{d}X_S + \dfrac{\partial y}{\partial Y_S}\mathrm{d}Y_S + \dfrac{\partial y}{\partial Z_S}\mathrm{d}Z_S + \dfrac{\partial y}{\partial \varphi}\mathrm{d}\varphi + \dfrac{\partial y}{\partial \omega}\mathrm{d}\omega + \dfrac{\partial y}{\partial \kappa}\mathrm{d}\kappa \end{array}\right\} \quad (2\text{-}11)$$

式中,(x)、(y) 为函数在未知数当前解处的近似值;$\mathrm{d}X_S$、$\mathrm{d}Y_S$、$\mathrm{d}Z_S$、$\mathrm{d}\varphi$、$\mathrm{d}\omega$、$\mathrm{d}\kappa$ 为 6 个外方位元素的改正数,即未知数;未知数前的系数为函数的偏导数,在方程解算过程中其为确定的系数值。

对于竖直摄影的航摄像片,外方位角元素为小值($<3°$),可用 $\varphi=\omega=\kappa=0$ 以及 $Z_A-Z_S=-H$ 代替,可得竖直摄影情况下共线方程的线性化形式:

$$\left.\begin{array}{l} x = (x) - \dfrac{f}{H}\mathrm{d}X_S - \dfrac{x}{H}\mathrm{d}Z_S - f\left(1+\dfrac{x^2}{f^2}\right)\mathrm{d}\varphi - \dfrac{xy}{f}\mathrm{d}\omega + y\,\mathrm{d}\kappa \\ y = (y) - \dfrac{f}{H}\mathrm{d}Y_S - \dfrac{y}{H}\mathrm{d}Z_S - \dfrac{xy}{f}\mathrm{d}\varphi - f\left(1+\dfrac{y^2}{f^2}\right)\mathrm{d}\omega - x\,\mathrm{d}\kappa \end{array}\right\} \quad (2\text{-}12)$$

式(2-12)可用于航摄像片的外方位元素解算。

2. 误差方程与法方程的建立

空间后方交会的实际计算中,为了提高精度并提供检查,常有多余观测方程,即像片控制点个数多于 3 个,所列方程式个数多于 6 个。此时方程式个数大于未知数个数,相应的方程组称为矛盾方程组。对矛盾方程组,一般采用最小二乘法平差来解算未知数。

当把控制点的物方坐标作为真值,相应的像点坐标作为观测值时,对观测值加入相应的改正数 V_x、V_y,得 $x+V_x$、$y+V_y$ 并代入式(2-12)中,可列出平差计算的误差方程式为

$$\left.\begin{array}{l}V_x = a_{11}\mathrm{d}X_S + a_{12}\mathrm{d}Y_S + a_{13}\mathrm{d}Z_S + a_{14}\mathrm{d}\varphi + a_{15}\mathrm{d}\omega + a_{16}\mathrm{d}\kappa - l_x \\ V_y = a_{21}\mathrm{d}X_S + a_{22}\mathrm{d}Y_S + a_{23}\mathrm{d}Z_S + a_{24}\mathrm{d}\varphi + a_{25}\mathrm{d}\omega + a_{26}\mathrm{d}\kappa - l_y\end{array}\right\} \quad (2\text{-}13)$$

其中,

$$\left.\begin{array}{l}l_x = x - (x) = x + f\dfrac{a_1(X_A - X_S) + b_1(Y_A - Y_S) + c_1(Z_A - Z_S)}{a_3(X_A - X_S) + b_3(Y_A - Y_S) + c_3(Z_A - Z_S)} \\ l_y = y - (y) = y + f\dfrac{a_2(X_A - X_S) + b_2(Y_A - Y_S) + c_2(Z_A - Z_S)}{a_3(X_A - X_S) + b_3(Y_A - Y_S) + c_3(Z_A - Z_S)}\end{array}\right\} \quad (2\text{-}14)$$

式中,x、y 为像点坐标的观测值;(x)、(y) 为用控制点的物方坐标以及外方位元素的近似值代入共线方程式中,计算得到的像点坐标的近似值。

式(2-13)用矩阵形式表达,则为

$$V = AX - L \quad (2\text{-}15)$$

式中,$V = [V_x\ V_y]^\mathrm{T}$

$$A = \begin{bmatrix} a_{11} & a_{12} & a_{13} & a_{14} & a_{15} & a_{16} \\ a_{21} & a_{22} & a_{23} & a_{24} & a_{25} & a_{26} \end{bmatrix}$$

$$X = [\mathrm{d}X_S \quad \mathrm{d}Y_S \quad \mathrm{d}Z_S \quad \mathrm{d}\varphi \quad \mathrm{d}\omega \quad \mathrm{d}\kappa]^\mathrm{T}$$

$$L = [l_x\ l_y]^\mathrm{T}$$

若有 n 个控制点,则可列出 n 组误差方程式,构成总的误差方程式,形式仍如式(2-15)所示,但此时式中:

$$V = [V_1\ V_2 \cdots V_n]^\mathrm{T}$$

$$A = [A_1\ A_2 \cdots A_n]^\mathrm{T}$$

$$L = [l_1\ l_2 \cdots l_n]^\mathrm{T}$$

根据最小二乘法间接平差原理,可列出平差计算的法方程式:

$$A^\mathrm{T}PAX - A^\mathrm{T}PL = 0 \quad (2\text{-}16)$$

式中,P 为观测值的权矩阵,反映观测值的量测精度。对所有像点坐标的观测值,一般认为是等精度量测,则 P 为单位矩阵,由此得到未知数解的表达式:

$$X = (A^\mathrm{T}A)^{-1}A^\mathrm{T}L \quad (2\text{-}17)$$

从而得到外方位元素近似值的改正数 $\mathrm{d}X_S$、$\mathrm{d}Y_S$、$\mathrm{d}Z_S$、$\mathrm{d}\varphi$、$\mathrm{d}\omega$、$\mathrm{d}\kappa$。

由于式(2-13)中各未知数的改正项取自泰勒级数展开式的一次项,而未知数的近似值往往是粗略的,因此解算必须通过逐渐趋近的方法,即用近似值与改正数的和作为新的近似值,重复计算过程,求出新的改正数,如此反复趋近,直到求出的改正数小于所设限值为止。这种解法即迭代解法,最后得出 6 个外方位元素的解:

$$\left.\begin{array}{l}X_S = X_{S0} + \mathrm{d}X_{S1} + \mathrm{d}X_{S2} + \cdots \\ Y_S = Y_{S0} + \mathrm{d}Y_{S1} + \mathrm{d}Y_{S2} + \cdots \\ Z_S = Z_{S0} + \mathrm{d}Z_{S1} + \mathrm{d}Z_{S2} + \cdots \\ \varphi = \varphi_0 + \mathrm{d}\varphi_1 + \mathrm{d}\varphi_2 + \cdots \\ \omega = \omega_0 + \mathrm{d}\omega_1 + \mathrm{d}\omega_2 + \cdots \\ \kappa = \kappa_0 + \mathrm{d}\kappa_1 + \mathrm{d}\kappa_2 + \cdots\end{array}\right\} \quad (2\text{-}18)$$

3. 单像空间后方交会的计算过程

综上所述，单像空间后方交会的计算过程如下。

1) 获取起算数据

（1）从摄影资料中查取像片比例尺 $1/m$，由像片上两点间距离与相应地面点间距之比求得。

（2）平均航高 $H = mf + \sum_{i=1}^{n} Z_i / n$，其中 n 为已知控制点数。

（3）内方位元素 x_0、y_0、f。

（4）从外业测量成果中获取像片控制点的地面坐标 X_t、Y_t、Z_t，并转化成地面摄影测量坐标 X_{tp}、Y_{tp}、Z_{tp}。

（5）量测控制点的像片坐标 x、y。

2) 确定未知数的初始值

在竖直摄影情况下，3 个角元素取 $\varphi_0 = \omega_0 = \kappa_0 = 0$；线元素取 $Z_{S0} = H = mf + \frac{1}{n}\sum Z_{\text{控}}$，$X_{S0}$、$Y_{S0}$ 可取控制点地面坐标的平均值，即 $X_{S0} = \frac{\sum X}{n}$，$Y_{S0} = \frac{\sum Y}{n}$。这里，$m$ 为摄影比例尺分母，n 为控制点个数。

3) 计算旋转矩阵 $\boldsymbol{R}$

用 3 个角元素的近似值按式(2-19)计算方向余弦值，组成 $\boldsymbol{R}$ 矩阵，如式(2-20)所示。

$$\begin{aligned}
a_1 &= \cos\varphi\cos\kappa - \sin\varphi\sin\omega\sin\kappa \\
a_2 &= -\cos\varphi\sin\kappa - \sin\varphi\sin\omega\cos\kappa \\
a_3 &= -\sin\varphi\cos\omega \\
b_1 &= \cos\omega\sin\kappa \\
b_2 &= \cos\omega\cos\kappa \\
b_3 &= -\sin\omega \\
c_1 &= \sin\varphi\cos\kappa + \cos\varphi\sin\omega\sin\kappa \\
c_2 &= -\sin\varphi\sin\kappa + \cos\varphi\sin\omega\cos\kappa \\
c_3 &= \cos\varphi\cos\omega
\end{aligned} \quad (2\text{-}19)$$

$$\boldsymbol{R} = \begin{bmatrix} a_1 & a_2 & a_3 \\ b_1 & b_2 & b_3 \\ c_1 & c_2 & c_3 \end{bmatrix} \quad (2\text{-}20)$$

4) 逐点计算像点坐标的近似值

将未知数的初始值和控制点的地面坐标代入共线方程式(2-10)，计算控制点的像点坐标近似值(x)、(y)。

5) 组成误差方程式

按式(2-12)及式(2-14)逐点计算误差方程式的系数和常数项 l_x、l_y。

6) 组成法方程式

计算法方程的系数矩阵 $\boldsymbol{A}^{\mathrm{T}}\boldsymbol{A}$ 与常数项 $\boldsymbol{A}^{\mathrm{T}}\boldsymbol{L}$。

7）求解外方位元素

按式(2-17)求解外方位元素的改正数 dX_S、dY_S、dZ_S、$d\varphi$、$d\omega$、$d\kappa$，并与相应的近似值求和，得到外方位元素新的近似值。

8）检查计算结果是否收敛

将求得的外方位元素的改正数与规定的限差比较，小于限差则计算终止；一般设置 $dX_S<1m$，$dY_S<1m$，$dZ_S<1m$，$d\varphi<0.00001$，$d\omega<0.00001$，$d\kappa<0.00001$，否则用新的近似值重复步骤 4）~8）的计算，直到满足要求为止。

4. 空间后方交会的精度

由测量平差原理可知，未知数的解算精度，可通过对法方程未知数系数矩阵求逆的方法，在求得未知数的相应协因数 Q_{ii} 后，乘以单位权观测值中误差，即可得到未知数的中误差：

$$\sigma_i = \sigma_0 \sqrt{Q_{ii}} \tag{2-21}$$

式中，σ_0 为单位权观测值中误差，在空间后方交会中即像点坐标量测中误差，且可由下式计算：

$$\sigma_0 = \pm \sqrt{\frac{[VV]}{2n-6}} \tag{2-22}$$

式中，n 代表观测点数；6 为未知数的个数，$2n-6$ 为平差的多余观测数；V 为观测值残差，即像点的观测值与最后一次计算值之差。

2.3.2 单像空间后方交会程序设计实验

1. 实验目的与要求

（1）掌握单像空间后方交会的原理。

（2）掌握单像空间后方交会步骤。

（3）根据所给控制点的地面物方坐标以及相应的像点在像平面坐标系中的坐标，利用计算机编程语言实现单像空间后方交会的过程，完成所给立体像对（2401、2402）中两张像片各自的 6 个外方位元素的求解。

2. 实验数据

实验数据为 2401 和 2402 一对立体像对，两张像片控制点数据，包括像平面坐标以及相应地面摄影测量坐标，如表 2-3 和表 2-4 所示。两张像片的内方位元素为：$x_0=y_0=0mm$，$f=210.681mm$。

表 2-3　左片（2401）控制点数据

左片（2401）					
点号	像平面坐标/mm		地面摄影测量坐标/m		
	x	y	X_{tp}	Y_{tp}	Z_{tp}
1	−2.816	73.965	501 286.070	543 471.380	14.250
2	−6.459	−87.783	501 261.140	542 778.330	5.580
3	−76.415	−46.343	500 966.380	542 964.980	5.430
4	−30.041	−40.404	501 163.290	542 986.800	8.810
5	−65.890	75.337	501 019.750	543 480.230	5.760

表 2-4 右片(2402)控制点数据

点号	像平面坐标/mm		地面摄影测量坐标/m		
	x	y	X_{tp}	Y_{tp}	Z_{tp}
1	72.507	74.412	501 286.070	543 471.380	14.250
2	73.384	−85.905	501 261.140	542 778.330	5.580
3	3.767	−47.117	500 966.380	542 964.980	5.430
4	49.064	−39.709	501 163.290	542 986.800	8.810
5	10.244	73.307	501 019.750	543 480.230	5.760

3. 实验内容

根据 2.3.1 节中的单像空间后方交会的计算过程,按照表 2-3 和表 2-4 给出的两张像片的像平面坐标和地面摄测坐标,计算 2401 和 2402 两张像片的外方位元素。

单像空间后方交会的程序流程图如图 2-22 所示。

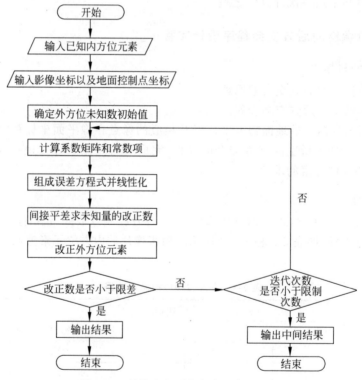

图 2-22 单像空间后方交会程序流程图

4. 实验结果

实验结果如表 2-5 所示。

表 2-5 立体像对外方位元素计算结果

外方位元素	2401（左片）	2402（右片）
X_S	501 257.416 158	500 934.463 445
Y_S	543 170.797 562	543 180.119 596
Z_S	911.522 700	910.372 341
φ	0.040 643	0.028 448
ω	−0.014 540	−0.012 638
κ	−0.013 461	−0.050 018

2.4 立体像对空间前方交会程序设计

2.4.1 立体像对空间前方交会基础知识

单像空间后方交会可以求得像片的外方位元素，但要想根据单张像片的像点坐标是不能反求出相应地面点的空间坐标的。外方位元素与一个已知像点，只能确定该像片的空间方位以及摄影中心 S 至像点的射线空间方向，只有利用立体像对上的同名像点，才能得到两条同名射线在空间相交的点，即该地面点的空间位置。

1. 双像空间前方交会的基本公式

设从空中 S_1 和 S_2 两个摄站点对地面摄影，获得一个立体像对，如图 2-23 所示。任一地面点 A 在该像对的左右像片上的构像为 a_1 和 a_2，显然同名射线 S_1a_1 与 S_2a_2 必然交于地面点 A。这种在已知立体像对中两张像片的内、外方位元素的条件下，由同名像点坐标来确定相应物点的物方坐标的方法，称为**双像空间前方交会**。

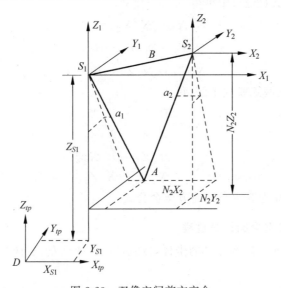

图 2-23 双像空间前方交会

为了确定像点与其对应物点的数学关系，在地面建立地面摄影测量坐标系 D-$X_{tp}Y_{tp}Z_{tp}$，X_{tp} 轴与航向基本一致。过左、右摄站点 S_1 和 S_2 作像空间坐标系 S_1-

$X_1Y_1Z_1$ 和 S_2-$X_2Y_2Z_2$,使坐标系的轴向与地面摄影测量坐标系的轴向平行。摄站点 S_1、S_2 在 D-$X_{tp}Y_{tp}Z_{tp}$ 中的坐标分别为 (X_{S1},Y_{S1},Z_{S1}) 和 (X_{S2},Y_{S2},Z_{S2})。地面点 A 在 D-$X_{tp}Y_{tp}Z_{tp}$ 中的坐标为 (X_A,Y_A,Z_A),其相应像点 a_1,a_2 的像空间坐标分别为 $(x_1,y_1,-f)$ 和 $(x_2,y_2,-f)$,而像点 a_1,a_2 的像空间辅助坐标分别为 (X_1,Y_1,Z_1) 和 (X_2,Y_2,Z_2)。

右摄站点 S_2 在 S_1-$X_1Y_1Z_1$ 中的坐标,即摄影基线 B 在该坐标系中的基线分量,也就是两摄站点的坐标差,可由外方位元素线元素计算,即

$$\left.\begin{array}{l}B_X=X_{S2}-X_{S1}\\B_Y=Y_{S2}-Y_{S1}\\B_Z=Z_{S2}-Z_{S1}\end{array}\right\} \quad (2\text{-}23)$$

因左、右像空间辅助坐标系以及 D-$X_{tp}Y_{tp}Z_{tp}$ 相互平行,且摄站点、像点、物点三点共线,则由图 2-23 可得

$$\left.\begin{array}{l}\dfrac{S_1A}{S_1a_1}=\dfrac{X_A-X_{S1}}{X_1}=\dfrac{Y_A-Y_{S1}}{Y_1}=\dfrac{Z_A-Z_{S1}}{Z_1}=N_1\\\dfrac{S_2A}{S_2a_2}=\dfrac{X_A-X_{S2}}{X_2}=\dfrac{Y_A-Y_{S2}}{Y_2}=\dfrac{Z_A-Z_{S2}}{Z_2}=N_2\end{array}\right\} \quad (2\text{-}24)$$

式中,N_1、N_2 称为点的投影系数。一般情况下,不同点的投影系数不同,同一点在左、右像片上的投影系数也不同。

由式(2-24)可得出空间前方交会计算物点坐标的公式:

$$\left.\begin{array}{l}X_A=X_{S1}+N_1X_1=X_{S2}+N_2X_2\\Y_A=Y_{S1}+N_1Y_1=Y_{S2}+N_2Y_2\\Z_A=Z_{S1}+N_1Z_1=Z_{S2}+N_2Z_2\end{array}\right\} \quad (2\text{-}25)$$

式(2-24)变形后代入式(2-23)中可得

$$\left.\begin{array}{l}N_1X_1-N_2X_2=B_X\\N_1Y_1-N_2Y_2=B_Y\\N_1Z_1-N_2Z_2=B_Z\end{array}\right\} \quad (2\text{-}26)$$

由式(2-26)中第一、三两式联立求解,得

$$\left.\begin{array}{l}N_1=\dfrac{B_XZ_2-B_ZX_2}{X_1Z_2-X_2Z_1}\\N_2=\dfrac{B_XZ_1-B_ZX_1}{X_1Z_2-X_2Z_1}\end{array}\right\} \quad (2\text{-}27)$$

式(2-25)及式(2-27)称为双像空间前方交会公式。

2. 双像空间前方交会的计算过程

(1) 已知外方位元素以及像点的坐标,按式(2-28)计算左、右像片同名像点的像空间辅助坐标。

$$\begin{bmatrix}X_1\\Y_1\\Z_1\end{bmatrix}=\boldsymbol{R}_1\begin{bmatrix}x_1\\y_1\\-f\end{bmatrix},\begin{bmatrix}X_2\\Y_2\\Z_2\end{bmatrix}=\boldsymbol{R}_2\begin{bmatrix}x_2\\y_2\\-f\end{bmatrix} \quad (2\text{-}28)$$

(2) R_1、R_2 分别为左右像片的 3×3 的旋转矩阵,由左、右像片的外方位元素角元素计算的 9 个方向余弦组成。

(3) 由外方位线元素,按式(2-23)计算摄影基线分量 B_X、B_Y、B_Z。

(4) 由式(2-27)计算投影系数 N_1、N_2。

(5) 最后由式(2-25)计算物点的地面摄影测量坐标。

由于 (X_A, Y_A, Z_A) 可利用 N_1 沿左投影光线计算得到,还可以利用 N_2 沿右投影光线计算得到,所以按式(2-29)取平均值,有利于提高 Y_A 的计算精度:

$$Y_A = \frac{1}{2}[(Y_{S1} + N_1 Y_1) + (Y_{S2} + N_2 Y_2)] \tag{2-29}$$

3. 双像解析的空间后交-前交方法

双像解析摄影测量,就是利用解析计算的方法处理一个立体像对的影像信息,从而获得地面点的空间信息。采用双像解析计算的空间后交-前交方法计算地面点的空间坐标,主要有以下步骤。

1) 像片控制测量

在立体像对的影像重叠部分,找出 3 个以上的明显地物点,作为像片控制点。兼顾摄影测量精度和外业控制工作量,分布于像对作业区域角隅的 4 个控制点的方案最为常用,如图 2-24 所示。在实地判读出所选明显地物点,并用普通测量的方法测算出它们的地面测量坐标 X_t、Y_t、Z_t。

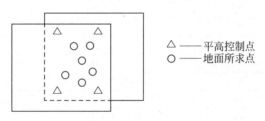

图 2-24 像片控制点

2) 像点坐标量测

利用像点坐标的量测方法,首先测出控制点的像平面坐标 $(x_1, y_1)_i$ 与 $(x_2, y_2)_i$,然后测出所有待定点的像平面坐标 $(x_1, y_1)_j$ 与 $(x_2, y_2)_j$。

3) 单像空间后方交会计算像片外方位元素

对两张像片分别进行空间后方交会计算,解得各自的 6 个外方位元素: X_{S1}、Y_{S1}、Z_{S1}、φ_1、ω_1、κ_1 和 X_{S2}、Y_{S2}、Z_{S2}、φ_2、ω_2、κ_2。

4) 双像空间前方交会计算未知点地面坐标

(1) 用各自的角元素,按式(2-19)计算出左、右像片的方向余弦值,组成旋转矩阵 R_1、R_2。

(2) 按式(2-23),根据左、右像片的外方位线元素计算摄影基线分量 B_X、B_Y、B_Z。

(3) 逐点计算像点的像空间辅助坐标 (X_1, Y_1, Z_1) 和 (X_2, Y_2, Z_2)。

(4) 按式(2-27)计算点的投影系数 N_1、N_2。

(5) 按式(2-25)计算未知点地面摄影测量坐标 X_{tp}、Y_{tp}、Z_{tp},必要时转换为地面测

量坐标 X_t、Y_t、Z_t。

（6）重复步骤(3)~(5)，完成所有点地面坐标的计算。

2.4.2 立体像对空间前方交会程序设计实验

1. 实验目的与要求

（1）掌握立体像对空间前方交会的原理。

（2）掌握立体像对空间前方交会步骤。

（3）根据同名像点在左、右像片上的坐标，解求其对应的地面点的物方坐标，利用计算机编程语言实现立体像对空间前方交会的过程，完成所给立体像对(2401、2402)上若干对同名点对应的地面物方点的坐标计算。

2. 实验数据

实验数据为 2401 和 2402，一对立体像对影像数据包括两张像片的内、外方位元素，具体见表 2-6。

表 2-6 立体像对内、外方位元素

		2401	2402
内方位元素	h_0	−121.642 018	−121.766 062
	h_1	0.027 976	0.027 976
	h_2	0.000 607	0.000 523
	k_0	115.321 828	115.125 954
	k_1	0.000 600	0.000 516
	k_2	−0.027 981	−0.027 982
外方位元素	X_S	500 934.463 445	501 257.416 158
	Y_S	543 180.119 596	543 170.797 562
	Z_S	910.372 341	911.522 700
	φ	0.028 448	0.040 643
	ω	−0.012 638	−0.014 540
	κ	−0.050 018	−0.013 461

3. 实验内容

1）同名像点量测

利用 Photoshop 图像处理软件，将所给立体像对的两张像片影像打开，目视判断地物同名点，并记录下同名点在左、右影像上的像素行列号(u_l, v_l)和(u_r, v_r)。例如，量测了 7 对同名像点的像素行列号，记录在表 2-7 中。

表 2-7 同名像点量测记录表

点号	2401(左像)		2402(右像)	
	u_l	v_l	u_r	v_r
1	7682	4862	4941	4857
2	7649	4895	4906	4890

续表

点号	2401（左像）		2402（右像）	
	u_l	v_l	u_r	v_r
3	7595	4947	4850	4941
4	7562	4981	4814	4974
5	7509	5034	4758	5026
6	7474	5068	4723	5058
7	7387	5154	4631	5143

2）立体像对空间前方交会求解过程

利用表 2-7 中量测的同名像点的像素坐标以及对应像片的内定向参数（2.2 节中计算得到），计算出同名点在左、右像片的像框标坐标系中的坐标。再根据同名点在左、右像片的像平面坐标和已知的左、右像片外方位元素（表 2-8），以及 2.4.1 节中的前方交会计算公式，计算该像点对应地面点的坐标 (X, Y, Z)，并计算地面点在 Y 方向上的残余上下视差 ΔY。

3）实验结果

实验结果如表 2-8 所示。

表 2-8 立体像对空间前方交会解算结果 单位：m

点号	地面点坐标		
	X	Y	Z
1	501 375.400	543 077.600	6.273
2	501 371.100	543 073.600	6.436
3	501 364.400	543 067.500	6.291
4	501 360.000	543 063.600	6.782
5	501 353.200	543 057.300	6.967
6	501 349.000	543 053.300	6.428
7	501 337.900	543 043.100	6.756

2.5 航摄像片解译与调绘

2.5.1 航摄像片解译与调绘基础知识

1. 航摄像片的解译

在航片上，根据地物构像的规律与特点，识别地面上相应地物的性质、位置及大小，称为**航片解译**（也称判读），解译有目视解译、仪器增强目视解译和自动化解译，本节只介绍目视解译过程并进行实习。

目视解译是指人们借助放大镜、立体镜等简单工具，凭借经验对像片进行解译。其基本步骤如下：

1) 总体观察

利用放大镜、立体镜等对航片进行全面观察，并对照相应地形图，进一步对航片上各种物体的影像分布有较全面细致的了解。

2) 建立解译标志

首先，找一典型样区，根据物体的构像规律、形状、色调、阴影、相关位置、图型、结构等特征，并对照有关资料，确定各地物的影像特征，建立解译标志，记录在表 2-9 中。

表 2-9 航摄像片解译标志记录表

地物类型	解译标志					
	形状	色调	纹理	图型	阴影	其他
地物 1						
地物 2						
地物 3						
地物 4						
⋮						

黑白航片上各地物的解译标志如下：

(1) 居民点：城市房屋显示较为稠密，建筑物形状高大，街道整齐；农村居民区较为分散、矮小，一般位于河流或田块附近。

(2) 道路网：有强烈的反光性，影像清晰明显，呈白色或灰色线条状，有时有行道树。

(3) 水系：河流的构像为弯曲宽窄不均的带状，湖泊呈不均匀的闭合曲线，色调深灰至黑色；人工河道、渠构像为宽窄比较均匀的带状，有涵洞、水闸等附属物，立体效果明显。

(4) 农业用地：一般有一定的几何形状，平原区多为长方形，田埂细长，田间有灌渠和排水沟；山区的梯田呈长条形弧状，田坎阴影清楚，立体感强烈。农用地色调变化很大，取决于地表覆盖、土壤类型和地表湿度。

(5) 林地：森林色调较暗，呈颗粒状，无规划轮廓界线。果园呈排列整齐、间距均匀的深暗色颗粒；苗圃呈暗色条状；灌木丛为色调不均匀的小颗粒。

(6) 草地：草地呈现为均匀的灰色影像，干草地为浅灰色，湿草地为深灰色。

(7) 沼泽地：色调变化范围较广，根据湿度、空旷程度和植被类型，呈现从浅灰到浅黑色，一般形成色调不均匀的杂色图面，轮廓比较清楚。

(8) 山脊、山谷线：有明暗界线，背光斜坡呈浅黑色，向阳斜坡则呈灰白色。

建立解译标志的工作需要细致、准确，对于一些疑难影像，应进行实地调查，解译标志经检核、修正确定下来后，便可进行正式解译了。

3) 航片室内解译

进行室内解译的方法没有特殊规定，往往因人而异，一般在航片上蒙上一张透明的聚酯薄膜或硫酸纸，将解译出的地物直接蒙绘在薄膜或纸上，并对其加以注记，从而得到一张解译成果图，注记可以参考地形图进行。有时也将解译结果直接绘在航片上。

进行室内解译时，要注意利用地形图、其他地理图件和文字资料，以提高解译质量。

2. 航片调绘

调绘是指在解译的基础上，把所需要的地物和未能在像片上显示出来的地物（如新增地物、无形境界线、很小且重要地物、线状地物、地形名称等），经过综合取舍，然后按图式符号在航片上标绘出来的工作。

1) 调绘原则

(1) 调绘要求符号应用恰当，位置正确，各种注记必须准确无误，并做到清晰易读。

(2) 地物的取舍以适合用图需要和满足制图精度为前提，并保持实地特征为原则进行。

2) 调绘内容

调绘内容主要包括：测量控制点与独立地物、居民地、通路、水系、地貌、土质、植被、管线、垣栅、境界和权属界线（对各种专业调绘内容和具体要求详见有关规定。）

3) 调绘步骤

(1) 准备工作

① 熟悉图式符号，收集各有关参考资料和地图资料。

② 划分调绘面积，确定作业范围：在相邻航片的重叠区中央，选择两个明显的特征地物点，以直线或曲折线连接，作为调绘的边界；用相同方法确定周围其他相邻航片的调绘边界，调绘界线所形成的闭合图形即为调绘面积；划分调绘面积时，相邻航片不能产生重叠和漏洞，边界线不要穿过独立地物且不能与线状地物重合，距像片边缘不得小于1cm。

③ 拟定野外调绘路线：野外调绘路线的选择原则是距离主要调绘内容越近越好，且不遗漏、不重复，分布均匀，疏密适当。一般应沿着河流、道路布设，最好能通过所有的居民点、工农业企业，通过航片上影像色调不协调的地段，在山区最好选择在半山腰沿线调绘，可兼顾山顶和山脚。对拟定的路线，可标绘在地形图或航片上。

(2) 航片调绘

按照拟定的路线、内容和原则进行具体的野外调绘。

① 确定立足点：立足点即调绘人员在像片上的准确位置，野外调绘每到一处要首先确定立足点，一般对照像片影像与地面物体来确定。

② 定向：确定了立足点后，将像片与周围地物相对照，进行像片定向，建立地物与影像的对应关系。

③ 调绘：将解译出的地物和轮廓线用铅笔描绘在航片上（也可描绘在聚酯薄膜或硫酸纸上），并作出相应的注记符号。

④ 补测：对需要的新增地物、隐蔽物、权属界线等，根据已经解译出的特征地物点用量测的方法测绘出来（可采用距离交绘法、角度交绘法、直角坐标法、截距法、极距法等）。

第一立足点的工作结束后，即转移到第二点……直到最后调绘结束。

(3) 调绘结果整饰

① 对调绘结果进行综合取舍，删掉不重要的或较小的地物碎部，并进行地物轮廓的综合。

② 符号规范化：将调绘用的简易符号注记按图式规定加以改正，各种注记要清晰。

③ 着墨：对调绘结果进行着墨，以免时间长久导致铅笔线被划磨掉。着墨前要进行精细的检查，以便消除可能产生的遗漏和差错。

2.5.2 航摄像片解译与调绘实验

1. 实验目的与要求

(1) 了解航摄像片解译与调绘的重要意义以及地物在像片上的构像规律和判读标志。

(2) 熟练掌握航片目视解译的原理、方法和航片调绘的方法、程序。

(3) 要求学生在本实习中完成一张航片的解译与调绘工作,并能初步掌握航片解译与调绘的组织实施方法。

2. 实验内容

(1) 航摄像片解译。

(2) 航摄像片调绘。

3. 实验仪器与资料

立体镜一个、航片一对、放大镜一个、地形图图式一本、透明纸、笔、地形图一张。

4. 实验步骤

1) 航摄像片解译

(1) 总体观察。

(2) 建立解译标志。

(3) 航片室内解译。

2) 航片调绘

(1) 准备工作。

(2) 设计调绘路线。

(3) 现场调绘。

(4) 调绘像片的清绘整饰。

5. 实习应提交成果

(1) 航片解译标志记录表一张。

(2) 航片解译与调绘成果图一幅。

(3) 实习报告一份。

第3章 摄影测量综合实习基础

摄影测量学课程对实践要求很强,课内实验以及综合实习在课程体系中不可或缺,课内实验注重结合理论教学内容,综合实习则要以社会需求为导向,结合测绘生产单位实际作业流程,将课堂理论与实践相融合。当前,无人机摄影测量已经成为测绘生产单位的主要生产方式,无人机影像内业处理是测绘人员掌握的必要技能。通过摄影测量综合实习,学生可以深入了解并参与摄影测量的生产全流程,本章介绍综合实习的基础知识。

3.1节可作为课内实验内容,既可以让学生进一步巩固课内基本理论知识,熟悉航空摄影测量基础算法,又有助于学生更深入地掌握数字摄影测量的基本理论知识,体会生产单位的摄影测量生产流程。3.2~3.8节介绍内容包括模拟航空摄影测量系统、摄影测量内业影像处理软件以及无人机飞控软件,为第4章摄影测量创新实践奠定基础。

3.1 eLen 航空摄影测量教学实验系统

3.1.1 eLen 航空摄影测量教学实验系统简介

eLen 航空摄影测量教学实验系统由河海大学测绘科学与工程系研发,根据摄影测量学课程教学和实习的目的、内容和要求,紧密结合摄影测量学科发展状况和生产实践水平,专门研究和开发的摄影测量"教学—实习"软件,旨在全面提高摄影测量学课程教学质量,使学生运用所学基础理论知识与课内实验已掌握的基本技能,利用现有仪器设备和资料进行综合训练,系统全面地学习并应用已学摄影测量知识,锻炼实践技能。

eLen 系统为航空摄影测量基础算法实验系统,具有如下特点:

(1) 内容全面、丰富:涵盖摄影测量学课程经典算法,帮助学生系统、全面地学习摄影测量知识,锻炼实践技能。

(2) 为教学与实习量身打造:不是对摄影测量各算法的简单实现,更关键的是,学生可通过本系统对摄影测量算法进行全方位、多角度的实验分析,跟踪计算过程,深入了解算法基本原理。

(3) 软硬件配置要求低:支持 Windows 各版本;普通计算机上即可高效运行,无须专业立体显卡和高性能硬件配置。

(4) 界面友好,易于掌握:无须对学生开展专门培训。

(5) 实验成果形象、直观：有助于学生深刻理解抽象教学内容，激发学习兴趣。

该系统包含"工作区管理""像片量测""后交及前交""相对及绝对定向""直接线性变换""空中三角测量""影像匹配""成果生成""显示与输出""实习报告生成"共10个功能模块，如图3-1所示。

该系统能够让学生熟悉航空摄影测量基础算法，并依据像片坐标量测数据以及必要的已知数据，通过调整参数初始值、像片坐标量测误差、计算迭代限差、控制点个数及分布等因素，分析这些因素对计算结果的影响。

数字摄影测量已逐渐成为生产单位主要的摄影测量处理方法，为了让学生更深入地掌握数字摄影测量的基本理论知识，系统提供了核线影像生成、立体像对匹配、数字高程模型的建立以及正射影像生成等数字摄影测量基本实验内容。

系统不仅可使学生根据实验要求交互地调节实验参数，直观地查看实验结果，提高其对摄影测量基本知识的理解和分析能力，还可以锻炼学生的影像判读和立体观察能力。

下文将按照eLen航空摄影测量教学实验系统的作业流程来介绍本实验上机操作实践过程。

3.1.2 数据准备

1. 工作区管理

工作区管理模块完成参数设置功能，主要设置实验数据目录以及相关的影像参数，包括航带法使用的影像等。

1）新建工作区

进行系统教学实验，首先要创建个人工作空间，即工作区。工作区包含了所有实验数据、工作区的路径和名称。

新建工作区之前要准备好影像数据、控制点坐标数据等，所有的影像数据都存放在一个文件夹下面。可根据学号、姓名、密码创建工作区。

建好工作区后导入影像，影像按照航带号依次导入。系统接收的数字影像，包括量测相机、量测化数码相机和非量测化数码相机的影像，其中非量测化数码相机的影像只能进行直接线性变换实验。

新建工作区之后要将该工作区打开，才能进行后续的操作，工作区文件类型为.grp。

2）相机参数录入

打开系统主界面"文件"→"相机参数设置"菜单，对相机参数进行设置，"相机参数设置"对话框如图3-2所示。

相机参数可以通过手动输入，也可以单击"导入"按钮选择已有的相机文件。系统提供相机参数文件，在安装目录下选择文件"相机参数.cm"选项。设置完成后，单击"保存"按钮即可。单击"取消"按钮可退出相机参数设置窗口。

3）控制点地面坐标录入

打开系统主界面"文件"→"控制点录入"菜单，对地面控制点进行设置，"控制点录入"对话框如图3-3所示。

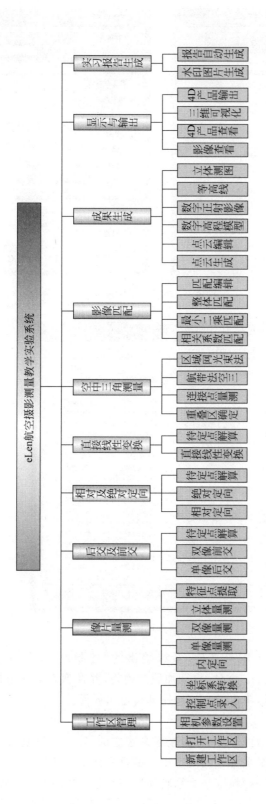

图 3-1　eLen 航空摄影测量教学实验系统功能模块图

图 3-2　相机参数设置

图 3-3　控制点地面坐标录入

单击"导入"按钮选择控制点文件，系统提供的"控制点"文件在安装目录下，选择"Hammer 控制点大地坐标.ctl"文件，自动加载到列表，并在列表上显示控制点总数。单击"保存"按钮保存控制点数据，单击"退出"按钮即可退出界面。

4）航空坐标系转换

地面控制点的坐标系是按左手直角坐标系建立的，航空摄影测量坐标系为右手直角坐标系，故需要进行地面测量坐标系到航空摄影测量坐标系的转换。

打开系统主界面"文件"→"航空坐标系转换"菜单，进入"航空摄影测量坐标系转换"对话框，如图 3-4 所示。选择左、右航向控制点，可以参考"控制点录入"界面的控制点三维分布图，找到与航线方向大致平行的两个控制点。左、右点尽量分布在航线两端；单击"转换"按钮即可转换控制点平面分布。

2. 像片量测

系统的像片量测部分包含影像内定向、单像量测、双像量测、立体量测，以及立体像对同名特征点自动提取、特征点优选等模块。像片量测结果为后续各种摄影测量解算提供像点坐标基础数据。同名像点的量测精度、数量、分布将对后续计算产生直接影响，这将作为实验分析的主要因素之一。

图 3-4 航空摄影测量坐标系转换

1) 影像内定向

影像内定向的目的是确定扫描坐标系（像素坐标系）与像平面坐标系之间的变换关系。内定向需要借助影像的框标来解决。一般影像具有4～8个框标，为机械框标或光学框标。为进行内定向，必须量测影像上框标点的扫描坐标，然后根据量测相机检定文件所提供的框标像平面坐标，解算出内定向变换矩阵参数。利用内定向结果，经变换可得到各量测像点的像平面坐标，应用于后续计算。在系统主界面下单击"像片量测"→"内定向"菜单，进入"影像内定向"程序界面进行内定向操作，如图3-5所示。

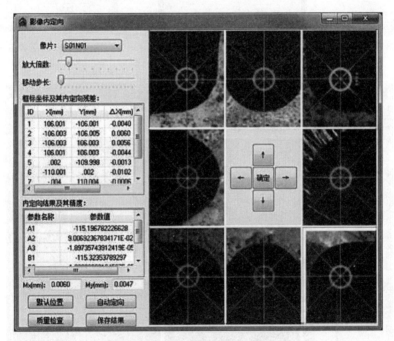

图 3-5 影像内定向界面

2) 单像量测

单像量测一般用于在单张像片上量测出各类像点所对应的像平面坐标。在系统主界面下单击"像片量测"→"单像量测"，进入"像片坐标量测"界面。加载影像后，通过漫游可以找到需要量测的控制点，在主窗口中单击即可定位到粗略位置，此时在右上角小窗口中显示控制点的放大图片，如图3-6所示。单击"↑、↓、←、→"四个按钮进行微调，放大图片下方的滑块可以调节步长。调整到准确位置后,单击"添加"按钮,弹出"选择控制点号"对话框,如图3-7所示。在下拉列表中选择点号,单击"确定"按钮即可完成该控制点的量测。完成所有控制点的量测后,单击"保存"按钮即可保存数据,单像量测完成。

3) 双像量测

完成航摄像片的内定向后,可以进行双像量测,用于量测同名像点。在系统主界面下单击"像片量测"→"双像量测"按钮,进入双像量测界面。单击"文件"→"打开"菜单,显示"打开立体影像"对话框,如图3-8所示,分别选择左、右影像,影像即可加载到双像量测窗口中,如图3-9所示。

图3-6 像点微调窗口

图3-7 添加窗口

图3-8 选择左右影像

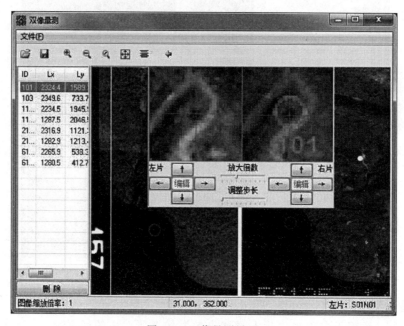
图3-9 双像量测界面

分别漫游左、右像片后找到同名像点,在两张影像上分别单击像点,两个放大窗口中即可定位到粗略位置,如图3-10所示。单击"↑、↓、←、→"四个按钮进行微调,通过滑块调节放大倍数和调整步长，在调整到准确位置后，单击"添加"按钮，弹出如图 3-11 所示"点号设置"对话框，选择添加点为控制点还是未知点；若为控制点则选择点号添加；若为未知点则系统自动添加点号。

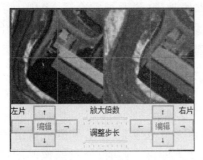

图 3-10　像点微调窗口

图 3-11　添加点

添加完同名像点后，可在主窗口中观察到该同名像点。窗口左侧列表显示所有同名像点的数据。单击任一栏，影像放大窗口则会自动定位到该同名像点。若需要修改，可单击"↑、↓、←、→"四个按钮重新量测，单击"编辑"按钮完成更改。若需要删除数据，则单击"删除"按钮即可。

完成量测后，单击"保存"按钮即可保存数据，双像量测完成。

4）立体量测

立体视觉下可以更准确、更可靠地量测同名像点坐标。立体量测方式是摄影测量最主要的像片量测方式。考虑到教学实验的硬件条件，这里的立体量测采用红绿立体方式。在系统主界面下单击"像片量测"→"立体量测"按钮，进入立体量测界面。单击"文件"→"打开"弹出"立体坐标量测"对话框，分别选择左、右影像，左、右影像分别以互补色显示，如图 3-12 所示。

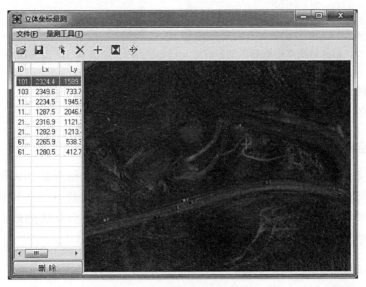

图 3-12　立体量测界面

戴上红绿立体眼镜，按住鼠标滚轮拖拽可实现影像的移动。按键盘上、下、左、右键可以调节视点处的左、右影像间距，即视差，从而达到较好的立体视觉效果。按键盘上、下、左、右键调节影像，将需要量测的点调节至最佳位置（按住 Shift 键可加速调整）。此时地物在视觉上呈现立体效果，鼠标十字丝在影像上贴紧地表，说明视差合适，否则十字丝处于浮在空中的状态。此时单击"量测工具"→"立体量测"菜单即可添加像点。在像片上单击需要量测的点，该像对即被添加到左侧列表中。列表中存放该立体像对的编号以及在左右像片上的像点坐标，编号为程序自动给出。

完成量测后单击"保存"按钮即可保存数据，立体量测完成。

5）特征点提取与匹配

除了框标点和像片控制点外，摄影测量中诸多算法实际上无须使用指定的像点。例如，相对定向，仅需像对上分布合理的若干同名像点即可。此时，通过影像匹配可以代替传统的人工观测，达到自动确立同名像点的目的。本模块中采用 SURF 算子提取特征点进行影像匹配。

单击"像片量测"→"特征点自动提取"→"特征点提取与匹配"按钮，弹出"影像特征点提取与匹配"对话框，如图 3-13 所示。单击"特征点提取与匹配"按钮，即可对列表中的影像进行特征点自动提取与匹配。单击"设置"按钮可以更改参数，如图 3-14 所示。

图 3-13　影像特征点提取与匹配窗口

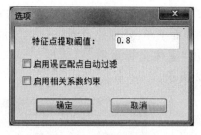

图 3-14　匹配参数窗口

自动提取的匹配点中存在部分误匹配点，需要通过算法剔除，单击"特征点优选"菜单，完成误匹配点的自动剔除。

3.1.3　空间后方交会及前方交会

系统的后交及前交部分，包含控制点与检查点设置、计算初值与迭代阈值设定、单像空间后方交会解算过程及其解算精度分析、解算结果可视化、双像前方交会及其误差分析、待定点物方坐标解算等功能。通过操作，可充分验证各因素对交会算法的影响，深刻理解其基本原理和算法流程。

1. 实验目的

掌握单像空间后方交会及双像前方交会的原理，以及空间后方交会、空间前方交会的所需数据与实施过程；理解算法精度的影响因素及规律。

2. 实验要求

依据各自的航摄像片坐标量测数据以及必要的已知数据，应用"空间后交及前交"程序，完成"像片坐标—物方坐标"的解算。调整实验外方位元素的初始值、迭代限差、控制点个数及分布、像片坐标量测误差等因素，分析这些因素对计算结果的影响，并写入实习报告。

3. 实验过程

1) 空间后方交会和前方交会所需数据

利用给定像对的外方位元素初始值、控制点的物方坐标以及控制点和待定点的像平面量测坐标等数据，通过空间后方交会及前方交会，可以解算得到各点的物方坐标，实现"像片坐标—物方坐标"的解算。需要的数据有左、右像片外方位元素的初始值、控制点和检查点物方坐标、控制点和待定点的像片量测坐标等。

2) 空间后方交会和前方交会具体操作

单击系统主界面"后交及前交"→"后方交会与前方交会"按钮，进入"空间后方与前方交会"程序界面，如图 3-15 所示。

图 3-15　空间后交与前方交会界面

（1）设置基本参数。包括选择像片编号、设置迭代限差、输入左片和右片外方位元素初始值。设置迭代限差时，注意线元素限差和角元素限差要设置合理。

（2）在前方交会方法参数框中，选择前方交会的方法。

（3）单击"加载数据"按钮，系统自动导入"文件"→"控制点录入"菜单中导入的控制点数据。然后根据需要选择检查点,可单击"↓"按钮将控制点物方坐标移入检查点物方坐标,同时控制点数和检查点数会随之变化。单击"删除控制点"按钮和"删除检查点"按钮,可删除选定的控制点和检查点。单击"定向点分布"按钮,可查看定向点分布。如果控制点和检查点分布不均匀,则可以单击"↓"按钮进行调整。

(4) 单击"计算"按钮,程序自动进行后交及前交计算,计算完成后显示计算结果,如图 3-16 所示。

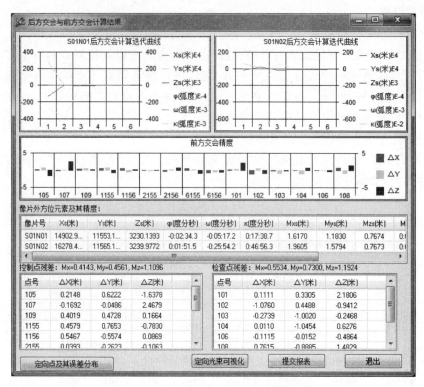

图 3-16　空间后交与前方交会计算结果

(5) 单击"定向点及其误差分布"按钮,可以查看后交与前交计算后控制点和检查点上的物方坐标误差分布,如图 3-17 所示。图中,圆的半径表示 Z 坐标误差,圆中线段的长度和方向表示平面误差的大小和方向。

(6) 当后方交会与前方交会结果满足要求时,单击"提交报表"按钮,将计算结果保存到报表中。

3) 待定点物方坐标解算

单击系统主界面"后交及前交"→"待定点物方坐标解算"选项,进入"前方交会未知点地面坐标计算"程序界面,如图 3-18 所示。选择左片和右片的编号,单击"加载数据"按钮,把左右像片的量测坐标加载到表格中。单击"计算"按钮,得到计算结果。

3.1.4　相对定向与绝对定向

系统的相对定向与绝对定向部分,包含相对定向点设置、相对定向解算参数设置、绝对定向解算参数设置、控制点与检查点设置、定向解算过程跟踪、解算精度分析、解算结果可

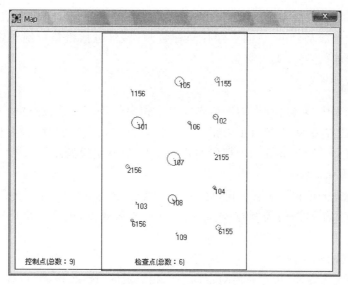

图 3-17 定向点及其误差分布图

图 3-18 未知点地面坐标计算

视化、待定点物方坐标计算等功能。通过操作，可充分验证各因素对相对定向与绝对定向结果的影响，深刻理解其基本原理和算法流程。

1. 实验目的

掌握相对定向与绝对定向的原理，熟悉相对定向与绝对定向算法，掌握算法实施过程，理解其精度影响的因素及规律。

2. 实验要求

依据各自的航片坐标量测数据以及必要的已知数据，应用"相对定向"与"绝对定向"程序完成另一种"像片坐标—物方坐标"的算法。实验分析相对定向的定向点个数及分布、绝对定向的定向点个数及分布、定向点像片坐标量测误差(包括粗差)、绝对定向限差等因素对计算结果的影响,并写入实习报告。

3. 相对定向

利用立体像对中摄影时存在的同名光线对应相交的几何关系,通过量测的同名像点坐标,以解析计算的方法,解求像对中两张影像的相对方位元素值的过程,为相对定向。相对定向的目的是建立一个与被摄物体相似的几何模型,以确定模型点的三维坐标。

1) 相对定向所需数据

相对定向所需的数据资料有:相机内方位元素、立体像对中同名像点的像平面坐标等。同名像点可以是人工量测的控制点、检查点或其他同名像点,也可以是计算机自动提取的同名特征点。

2) 相对定向的具体操作

(1) 单击系统主界面"相对及绝对定向"→"相对定向"选项,进入"相对定向"程序界面,如图 3-19 所示。

图 3-19 相对定向界面

(2) 设置相对定向计算参数。

① 左、右像片号:选择左、右像片的编号。

② 线元素、角元素限差:设置线元素和角元素迭代计算的限差。限差要根据作业条件合理设置。

(3) 单击"加载数据"按钮,导入同名点量测坐标。

(4) 单击"计算"按钮,程序自动进行相对定向计算,如图 3-20 所示。

(5) 当相对定向结果满足要求时,单击"提交报表"按钮,把计算结果保存到报表中。

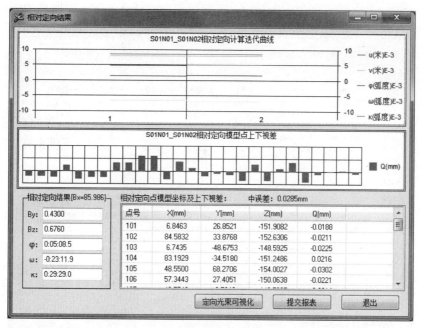

图 3-20　相对定向结果

4. 绝对定向

模型的绝对定向,是把模型点在像空间辅助坐标系下的坐标,经空间相似变换至地面测量坐标系中。

1) 绝对定向所需数据

绝对定向所需的数据资料有:控制点物方坐标、模型点在像空间辅助坐标系下的坐标(相对定向结果)等。

2) 绝对定向的具体操作

(1) 单击系统主界面"相对及绝对定向"→"绝对定向"选项,进入"绝对定向"程序界面,如图 3-21 所示。

(2) 设置绝对定向计算参数。

① 左、右像片号:选择左、右像片的编号。

② 线元素限差、角元素限差:设置绝对定向迭代计算限差,注意限差的合理范围。

(3) 单击"加载数据"按钮,由"文件"→"控制点录入"菜单中导入控制点数据。

(4) 单击"↓"按钮,将控制点中选定的部分移入检查点中,同时控制点数和检查点数会相应地随之变化。绝对定向控制点的个数不得少于 3 个。

(5) 选择好控制点和检查点后,单击"计算"按钮,程序自动进行绝对定向计算,如图 3-22 所示。

(6) 当绝对定向结果满足要求时,单击"定向点及其误差分布"按钮,可以查看绝对定向计算后控制点和检查点上的物方坐标误差分布。如图 3-23 所示。图中,圆的半径表示 Z 坐标误差的大小,圆中线段表示 X、Y 坐标误差的大小和方向。

(7) 单击"提交报表"按钮,把计算结果保存到报表中。

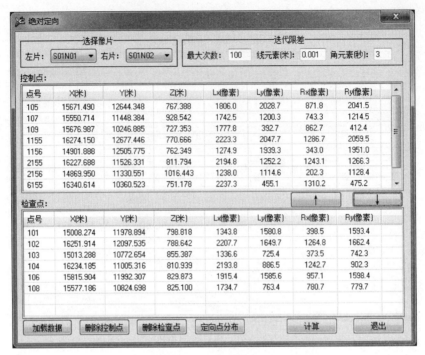

图 3-21　绝对定向界面

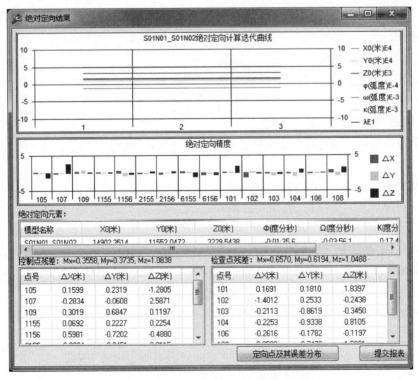

图 3-22　绝对定向结果

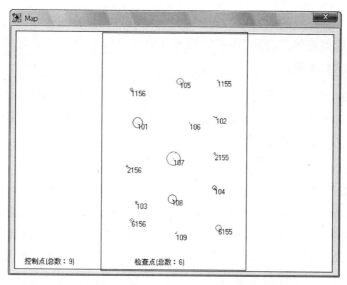

图 3-23　绝对定向点及其误差分布图

5. 待定点物方坐标解算

（1）单击系统主界面"相对及绝对定向"→"待定点物方坐标解算"选项,进入"相对及绝对定向法未知点地面坐标计算"程序界面,如图 3-24 所示。

（2）选择左片和右片的编号。

（3）单击"加载数据"按钮,把待定点在左、右像片的量测坐标加载到表格中。

（4）单击"计算"按钮,得到计算结果。

图 3-24　未知点地面坐标计算

3.1.5　空中三角测量

系统的空中三角测量部分,包含"重叠区确定""连接点量测""航带法空中三角测量"

"区域网光束法"等四个模块。用户先通过人机交互确定出影像的重叠区，然后在每张影像的重叠区内量测模型连接点，再应用航带法和光束法进行空中三角测量解算，得到两种空中三角测量方法的计算成果。

1. 实验目的

（1）加强对空中三角测量基本理论的理解，包括航带法空中三角测量和光束法空中三角测量；掌握空中三角测量实施的核心流程。

（2）通过实验了解空中三角测量结果的影响因素及其主要规律。

2. 实验要求

根据测区内原始影像确定出每张影像的重叠区。在影像重叠区内量取连接点像片坐标，为空中三角测量计算以及解求加密点（此处为连接点）地面坐标提供数据准备。组织控制点物方坐标以及控制点和加密点的像片坐标，按照航带法空中三角测量进行解算，得到加密点的物方坐标。然后按照光束法进行解算，得到加密点物方坐标和影像外方位元素；分析不同数量、不同分布的控制点和连接点对空中三角测量解算结果的影响。

3. 实验过程

空中三角测量，是依据外业实测的少量控制点，按照一定的数学模型，整体平差解算出全测区内摄影测量作业所需的加密点坐标（控制点或连接点）以及每张像片的外方位元素。与单模型的定向算法（如空间后交及前交、相对及绝对定向等）不同，空中三角测量以整个测区为处理单元。

1）影像重叠区确定

进行"航带法空中三角测量"和"光束法空中三角测量"计算前，先确定各张航空影像的重叠区，以重叠区为对象量测模型连接点。

（1）在系统主界面单击"空中三角测量"→"影像重叠区确定"选项，进入"航片重叠区确定"程序界面，如图 3-25 所示。系统将按工作区的影像顺序自动加载全部影像，每张影像左上角都附有该影像的像片名。

（2）单张影像显示，单击窗体内该影像或者由窗体界面的"影像窗口"直接选择影像名即可。当航带影像较多，存在遮挡，无法通过鼠标直接单击被遮挡影像时，可通过单击"影像窗口"下该影像名，即可显示该影像。

（3）通过人眼观察，判断各相邻影像之间的概略重叠区域。以第一张影像为参考，将第二张影像拖动至与第一张影像的重叠区大致重合的位置；再以第二张影像作为参考，将第三张影像以同样方法移动；最终使全部序列影像的重叠区域叠加显示。航带间确定影像重叠区的操作方法与此相类似。

（4）单击窗体界面的"文件"→"保存"按钮，提示"保存完毕"即可。确定后系统自动生成该序列影像的重叠区缩略图。单击"文件"→"查看重叠示意图"选项，即可查看如图 3-26 所示结果。阴影部分为三度重叠区，向两边依次是二度重叠区和无重叠区。

2）连接点量测

连接点为模型之间的公共点。对航带法空中三角测量，连接点的作用是将各个单模型衔接起来，并归化为统一的比例尺；而对光束法空中三角测量，连接点则用于相邻像片恢复

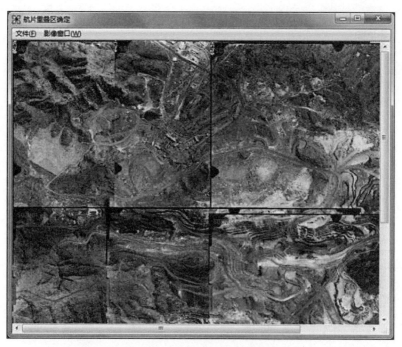

图 3-25　航片重叠区确定界面

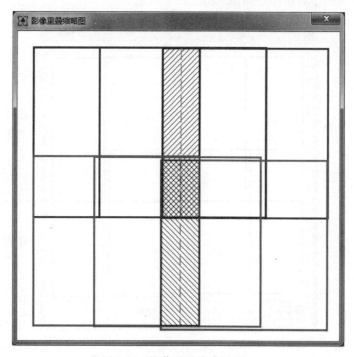

图 3-26　影像重叠缩略图界面

在空间的相对几何关系。

（1）在系统主界面单击"空中三角测量"→"连接点量测"选项，进入"模型连接点量测"程序界面，如图 3-27 所示。

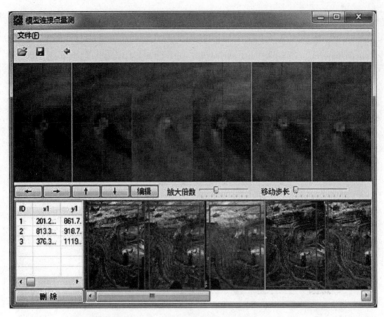

图 3-27 模型连接点量测界面

（2）在"模型连接点量测"界面选择"文件"→"打开"选项，或者单击按钮 📂，打开经影像重叠确定而生成的序列影像缩略图，如图 3-28 所示。

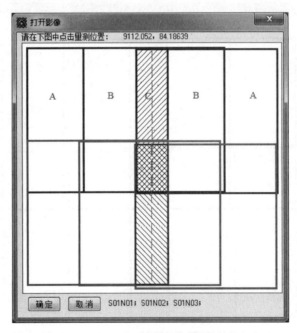

图 3-28 打开影像界面

（3）该界面供用户选择需要量测的点的区域。缩略图左上角实时显示光标十字丝的坐标。A 区域表示无重叠区，B 区域表示二度重叠区，C 区域表示三度重叠区。量测连接点则在三度重叠区（阴影区域）的选择位置点，之后单击"确定"按钮。连接点的位置应选择重叠区中线(阴影中虚线)的上、中、下三个区域附近,上、下部分要顾及相邻航线的共用。在重叠影像上分别量测上、中、下三区域的同名点,每个区域内至少量测一个同名点,总共至少量测 3 个同名点。

(4) 量测或修改完毕后,选择"文件"→"保存"选项,完成连接点量测。

3) 航带法空中三角测量

把许多立体像对构成的单个模型连接成一个航带模型后,将航带模型视为单元模型进行处理,通过消除航带模型中累积的系统误差,将航带模型整体纳入测图坐标系中,从而确定加密点的地面坐标。

(1) 航带法空中三角测量所需的数据资料有:控制点物方坐标,控制点、加密点(含连接点)的像片量测坐标等。

(2) 在系统主界面单击"空中三角测量"→"航带法空中三角测量"按钮,进入"航带法空中三角测量"程序界面,如图 3-29 所示。

图 3-29　航带法空中三角测量界面

(3) 设置航带法空中三角测量计算参数。

① 航带号:参加航带法空中三角测量的航带。

② 迭代限差中"最大次数""线元素""角元素":航带法空中三角测量平差过程的控制条件。

③ 非线性形变改正:决定航带法空中三角测量是否加入非线性形变改正(默认勾选;用户可通过是否加入该项改正,来比较非线性形变对航带法空中三角测量计算结果精度的影响)。

(4) 航带法空中三角测量计算:单击"航带法空中三角测量"程序界面的"计算"按钮,程序自动进行航带法空中三角测量计算,并将结果显示在"航带法解算结果"界面,如图 3-30

所示。图 3-30 中,界面左侧显示控制点坐标残差,右侧显示加密点(连接点)物方坐标的计算结果。界面下方显示了控制点坐标残差柱状统计图。单击"定向点及其误差分布"按钮,显示定向点点位及其精度分布图,如图 3-31 所示。图 3-31 中分布的大小不一的圆表示点位精度信息。当点位精度显示几乎呈一个点时,表明点位误差小、精度高。

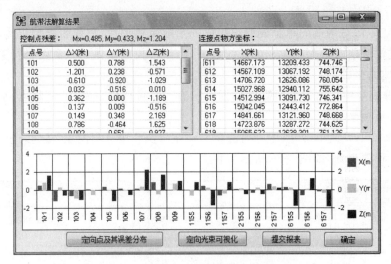

图 3-30　航带法空中三角测量计算结果

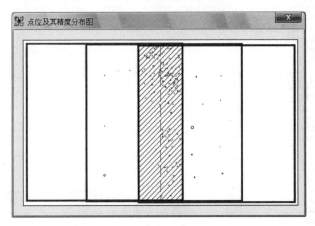

图 3-31　点位及其精度分布图

(5) 当空中三角测量解算结果满足要求时,单击界面"提交报表"按钮,系统会自动将解算结果界面保存至实习报告。

4) 光束法空中三角测量

光束法空中三角测量,是根据共线方程将全区域像片的外方位元素和所有加密点的物方坐标作为未知数,以少量控制点为条件,在一个平差系统中整体解求出区域网未知数。

(1) 在系统主界面单击"空中三角测量"→"光束法空中三角测量"按钮,进入"区域网光束法"程序界面,如图 3-32 所示。

(2) 设置光束法空中三角测量计算参数。单击"区域网光束法"界面下"参数设置"按钮,设置光束法迭代参数的"迭代次数""线元素""角元素"。

图 3-32　区域网光束法空中三角测量界面

(3) 光束法空中三角测量计算。单击"区域网光束法"程序界面的"光束法解算"按钮，程序自动进行光束法空中三角测量计算，并将结果显示在"光束法解算结果"界面，如图 3-33 所示。

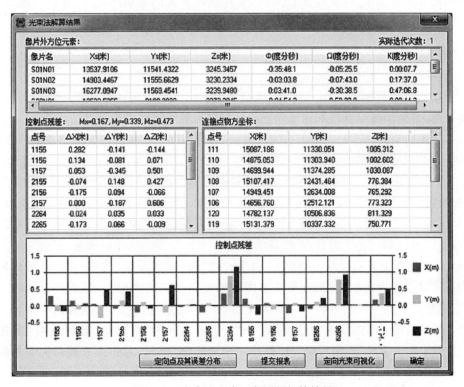

图 3-33　光束法空中三角测量解算结果

(4) 当光束法空中三角测量解算结果满足要求时,单击界面"提交报表"按钮,系统会自动将解算结果界面保存至实习报告。

3.1.6 影像匹配

影像匹配,即由计算机在立体像对中自动观测同名像点的过程,它是数字摄影测量的关键技术方法之一,也是计算机视觉的核心问题。经典的影像匹配方法包括相关系数匹配、最小二乘匹配、概率松弛整体匹配等。

系统的影像匹配为 DEM 产品生成提供高质量的三维点云数据,包含单点匹配、整体匹配、匹配结果显示、匹配点立体编辑等功能模块。其中,单点匹配模块包含相关系数匹配、最小二乘匹配、匹配参数设置等功能;整体匹配模块包含松弛法匹配、匹配参数设置等功能。

1. 实验目的

理解立体影像匹配在摄影测量中的重要意义和作用,熟悉影像单点匹配和整体匹配方法的原理和算法实施过程,了解相关匹配算法的特性。

2. 实验要求

掌握单点匹配的算法流程,通过设置不同的匹配参数,进行立体匹配实验,分析相关系数匹配和最小二乘匹配分别对地势平坦和地势起伏较大区域的匹配适应性。掌握整体匹配的算法流程,设置整体匹配参数,评价单点匹配与整体匹配结果的差异。通过单点匹配与整体匹配方法的结合,以及匹配点编辑,实现立体影像的密集匹配,并保证匹配效果,为 DEM 产品生成提供高质量的三维点云数据。

3. 实验过程

1) 单点匹配

采用单点匹配量测同名像点坐标,掌握单点匹配的原理与操作流程,了解单点匹配方法的优缺点,着重训练单点匹配在地形平坦区域和地势变化较大区域的适应性。

(1) 打开相关窗口匹配。单击系统主界面"影像匹配"→"单点匹配"→"相关系数匹配"按钮,进入"单点匹配"界面(图 3-34)。

(2) 参数设置。单击菜单"影像匹配"→"匹配参数设置"按钮,进入"匹配参数设置"界面。在"匹配参数设置"界面中,设置相关系数法、匹配密度、核线约束和最小二乘法的有关参数。

(3) 绘制匹配区域。单击菜单"工具"→"绘制匹配区域"按钮,在影像重叠区单击开始绘制,双击结束绘制。若不满意,可重新绘制。

(4) 设置匹配引导点。单击菜单"工具"→"指定匹配引导点"按钮,在匹配区域内选择并单击某特征点作为匹配起始点,在右影像中单击同名点的大概位置,系统自动确定同名点,设置成相关系数匹配的引导点。

(5) 影像匹配。单击菜单"影像匹配"→"相关系数匹配"按钮,系统在编辑区域内自动采集匹配点;单击菜单"影像匹配"→"最小二乘精匹配"按钮,对相关系数匹配采集的匹配点进一步进行精匹配。

(6) 匹配点编辑。

① 单点编辑:单击菜单"工具"→"增加匹配点"/"删除匹配点",在匹配区域内增加/删

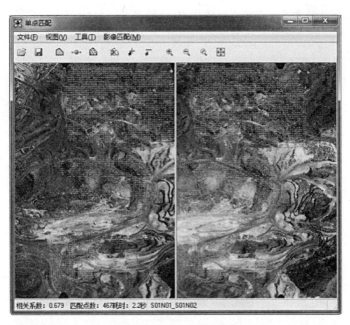

图 3-34 单点匹配界面

除匹配点。

② 区域编辑：单击菜单"工具"→"删除区域匹配点"选项，删除编辑区域内所有匹配点。

2) 整体匹配

单点影像匹配仅以相似性测度最大为评价标准，忽略了邻近匹配点的相互影响和制约，因此匹配成功率并不理想。整体匹配考虑了相邻点匹配结果选择的相互影响和相容程度，大大提高了匹配正确率。航空像片重叠度高、相邻影像间透视变形差异较小，整体匹配通常可以很好地确定同名点的坐标。

(1) 单击系统主界面菜单"影像匹配"→"整体匹配"→"匹配参数设置"选项，进入"匹配参数"界面(图 3-35)。在"匹配参数"界面中设置有关匹配参数，单击"确定"按钮保存。

(2) 单击系统主界面菜单"影像匹配"→"整体匹配"→"松弛匹配"选项，进入"影像匹配"界面(图 3-36)。在"影像匹配"界面中设置影像匹配的左片与右片。单击"自动匹配"按钮，系统自动采集匹配点。

图 3-35 整体匹配参数

图 3-36 影像匹配选择界面

自动采集匹配点结束后,进入"立体影像自动匹配"界面(图 3-37),编辑采集到的匹配点。

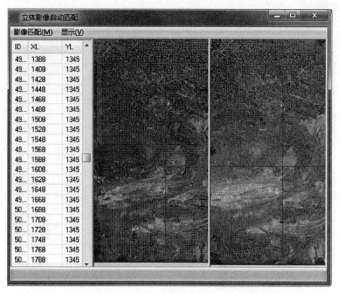

图 3-37 立体影像自动匹配编辑界面

3)匹配点双像编辑

单击系统主界面菜单"影像匹配"→"匹配结果编辑"选项,进入其子菜单目录。该菜单包含"匹配结果显示"和"红绿立体编辑"选项,提供匹配点的显示与编辑功能。利用立体量测的方法,查看与编辑影像匹配采集的匹配点,确保匹配点的准确性。

(1)打开界面。单击系统主界面菜单"影像匹配"→"匹配结果编辑"→"匹配结果显示"选项,进入"匹配点显示与编辑"界面(图 3-38)。

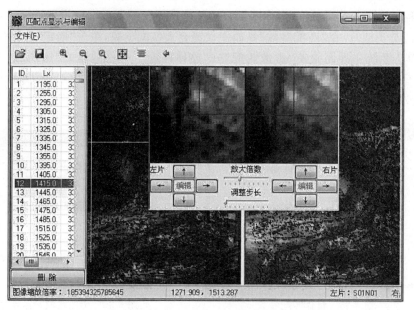

图 3-38 匹配点显示与编辑界面

(2) 打开立体像对。单击菜单"文件"→"打开"选项,弹出"打开立体像对"对话框。在"打开立体像对"对话框中,设置立体像对的左片和右片。

(3) 匹配点编辑。

① 匹配点查询:单击查询列表中任意行,放大镜窗口的左影像与右影像自动显示被选中匹配点的像素位置,可查看匹配的准确性。

② 匹配点编辑:需要调整时,利用放大镜窗口的"↑、↓、←、→"四个按钮,编辑被选中匹配点的像素位置,单击"确定"按钮,完成匹配点编辑。

③ 匹配点添加:在立体像对重叠区查找同名点,单击选中同名像点,在放大镜窗口中开始对匹配点进行精确瞄准,单击"添加"按钮,完成匹配点添加。

④ 匹配点删除:在查询列表中,选中需删除匹配点所在的行号后,单击左下角"删除"按钮,完成匹配点删除。

(4) 保存编辑。单击菜单"文件"→"保存"按钮,保存编辑后的匹配点。

4) 匹配点立体编辑

系统对立体影像,利用"品红-绿"或"红-青"等互补色生成立体视模型,用户佩戴红绿立体眼镜后,在立体视觉下查看与编辑匹配点,训练立体编辑方法。

(1) 进入界面。单击系统主界面"影像匹配"→"匹配结果编辑"→"红绿立体编辑"选项,进入"采集点立体编辑"界面(图 3-39)。

图 3-39 采集点立体编辑界面

(2) 打开模型。单击菜单"文件"→"打开"按钮,弹出"打开模型"对话框(图 3-40)。在"打开模型"对话框中选择模型,单击"确定"按钮打开模型数据。

(3) 匹配点编辑。

① 匹配点浏览:在立体模型重叠区内移动鼠标,右侧编辑区域显示被捕捉的匹配点的

图 3-40 打开模型

像素位置。

② 单点编辑：单击菜单"编辑"→"查询点"，双击选中匹配点，利用右侧编辑区域内"↑、↓、←、→"四个按钮，编辑匹配点的像素位置。

③ 区域编辑：单击菜单"编辑"→"绘制编辑区域"选项，单击开始绘制，双击结束绘制，绘制红色编辑区域；单击菜单"编辑"→"删除区域数据点"选项，删除红色编辑区域内所有匹配点。

(4) 模型保存。单击菜单"文件"→"保存"按钮，保存编辑后的模型数据。

3.1.7 测绘成果生成

摄影测量的典型成果是"4D"产品，包含数字高程模型、数字正射影像、数字线划图(digital line graphic,DLG)、数字栅格地图(digital raster graphic,DRG)。系统"成果生成"模块，即用于在完成像片量测、像片定向、立体匹配等摄影测量工作的基础上，继续实验 4D 产品的生成。

系统的成果生成模块包含点云生成、点云编辑、DEM 生成、DOM 生成、等高线生成、立体测图等功能。对应系统主界面"成果生成"菜单。

1. 实验目的

理解并掌握 DEM 生成、DOM 纠正、等高线生成等基本算法；实验并熟悉数字摄影测量中 4D 产品的生产流程；理解航测成图质量控制的关键；练习数字立体测图方式。

2. 实验要求

利用系统功能并结合用户的正确操作，生成实验区域高质量的数字高程模型、数字正射影像和等高线矢量图。在立体视觉下，练习道路、地类界、房屋等基本地物和陡坎、陡坡等微地貌的航测立体测图，得到以地物为主的数字线划图。分析和评价成果的质量。

3. 实验过程

1) 点云生成

利用菜单"影像匹配"采集的匹配点生成物方点云数据，为后续 DEM 生成提供密集的三维点云数据。

(1) 进入界面。单击系统主界面菜单"成果生成"→"点云生成"选项，进入"点云生成"界面。

(2) 选择点云生成方法，单击"确定"按钮，自动生成三维点云数据。

(3) 单击系统主界面菜单"成果生成"→"点云数据编辑"选项，进入"三维点云编辑"用户界面(图 3-41)。通过"视图操作""绘图操作""数据编辑"实现对三维点云的编辑。

(4) 单击"文件"→"保存数据"选项，保存编辑后的点云数据。

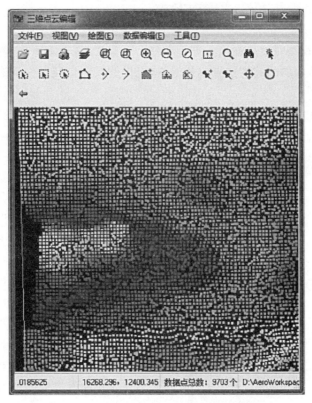

图 3-41　三维点云编辑

2）DEM 生成

利用菜单"点云数据编辑"删除三维点云数据中可能的错误数据点后,选择恰当的插值方法和参数,对三维点云数据进行插值处理,生成测绘产品 DEM。

(1) 进入界面:单击系统主界面菜单"成果生成"→"DEM 生成"选项,进入"DEM 生成"界面(图 3-42)。

图 3-42　DEM 生成

(2) 单击"插值方法"的下拉列表,设置 DEM 插值方法。

(3) 设置"DEM 格网大小",单位是 m。

(4) 单击"获取 DEM 边界"按钮,获取点云数据坐标范围。

(5) 单击"DEM 生成"按钮,生成 DEM 产品。

3) DOM 生成

利用数字高程模型对航片逐像元进行高差投影差改正,消除地形起伏引起的像点位移误差,同时消除像片倾斜引起的像点位移误差,经比例尺归化和影像镶嵌,得到测区正射影像图(DOM)。

(1) 进入界面:单击系统主界面菜单"成果生成"→"DOM 生成"选项,进入"正射影像生成"界面(图 3-43)。

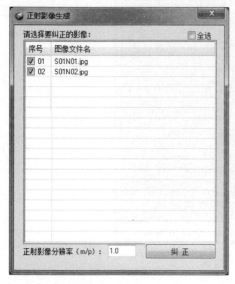

图 3-43 DOM 生成

(2) 在"请选择要纠正的影像"列表中,勾选需纠正的影像序号或"全选"复选框。

(3) 设置"正射影像分辨率"(详解见 eLen 软件帮助中关于"DOM 生成"内容菜单)。

(4) 单击"纠正"按钮,生成测绘产品 DOM。

4) 立体测图

在系统中完成相对定向和绝对定向之后,用户佩戴红绿立体眼镜,在立体视觉下不断地人工消除左右视差,使测标随时切准在观测地物上,进行道路、房屋陡坎等地物地貌的立体测绘,并在 AutoCAD 软件中对测图内容进行编辑。还可尝试人工测绘等高线的练习,以强化立体测绘的技能训练。

(1) 进入界面。单击系统主界面菜单"成果生成"→"立体测图"选项,进入"立体测图"界面(图 3-44)。

图 3-44 立体测图

(2) 互补色设置。单击菜单"文件"→"互补色立体设置"选项,设置与立体眼镜相同的互补色。

(3) 模型装载。单击菜单"文件"→"装载立体模型"选项,进入"装载立体模型"界面(图 3-45)。在"装载立体模型"界面中选择立体模型。

(4) 图层设置。单击菜单"测图工具"→"图层管理"选项,进入"图层管理"界面(图 3-46)。在"图层管理"界面中添加或删除相应图层。

图 3-45 装载立体模型

图 3-46 图层管理

(5) 立体测图。佩戴立体眼镜,选择相应图层。模型已通过相对定向消除上下视差,利用鼠标滚轮滚动消除左右视差(按下 Shift 键可加速调整),利用"测图工具"目录下的绘点工具、多段线工具、平行线工具和多边形工具开始立体测图。

(6) 生成矢量图。单击菜单"文件"→"生成矢量图"选项,进入"矢量图"界面(图 3-47)。在"矢量图"界面中,单击菜单"矢量图导出"→"保存图片"/"导出为 DXF"选项,保存矢量图。利用 AutoCAD 软件打开"…\product\VectorMap.dxf"文件,查看与编辑立体测图文件。

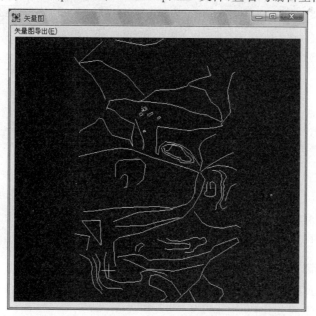
图 3-47 矢量图生成

(7) 保存编辑。单击菜单"文件"→"保存量测结果"选项,保存量测结果。

3.1.8 显示与输出

系统主界面菜单"显示与输出",用来显示摄影测量生成的 4D 产品。菜单包含"原始影像""正射影像 DOM""DEM 格网透视图""DEM 纹理渲染""数字线划图 DLG"和"输出 VRML"选项。

1. 显示原始影像

单击菜单"显示与输出"→"原始影像"选项,进入"选择影像"界面。在"选择影像"界面选中需查看的影像后,单击"查看"按钮,进入"影像预览器"界面,查询被选中影像信息。

2. 显示正射影像

单击菜单"显示与输出"→"正射影像 DOM",进入"影像预览器"界面,查看正射影像信息。

3. DEM 格网透视图

(1) 进入界面。单击菜单"显示与输出"→"DEM 格网透视图"选项,进入"模型浏览"界面(图 3-48),查看 DEM 格网透视图。

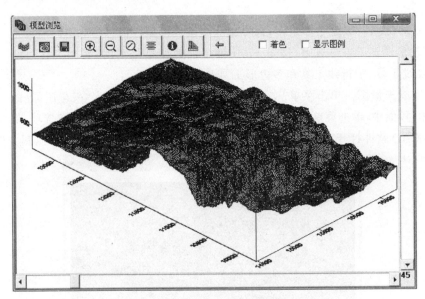

图 3-48 DEM 格网透视图

(2) 模型渲染。勾选"着色"和"显示图例"复选框,自动对 DEM 模型进行渲染(图 3-49)。

(3) 等值线图查询。单击 ▦ 按钮,查看模型等值线图(图 3-50)。

(4) 保存模型图。单击"保存"按钮,将模型图保存为 *.Bmp 文件。

4. DEM 纹理渲染

单击菜单"显示与输出"→"DEM 纹理渲染"选项,进入"DOM.JPG-DemViewer"界面,查看 DEM 纹理渲染图,如图 3-51 所示。

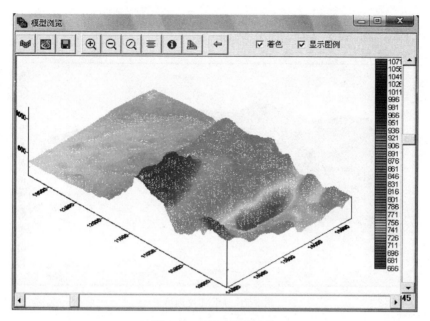

图 3-49　DEM 模型渲染

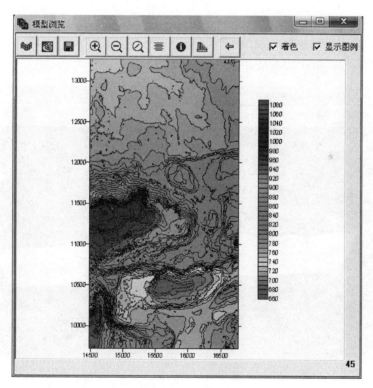

图 3-50　等值线图

5. 数字线划图 DLG

进入界面,单击系统主界面菜单"显示与输出"→"数字线划图 DLG"选项,系统自动打

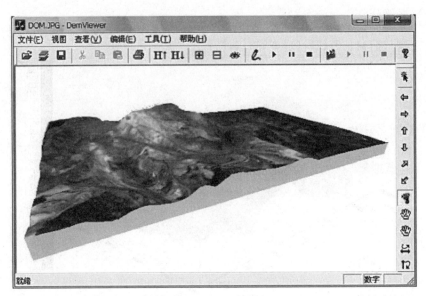

图 3-51　DEM 纹理渲染

开 AutoCAD 软件，并在 AutoCAD 软件中显示数字线划图。

6. 输出 VRML

进入界面，单击系统主界面菜单"显示与输出"→"输出 VRML"选项，系统自动打开工作区路径下的"\product\DEM.WRL"文件（图 3-52）。

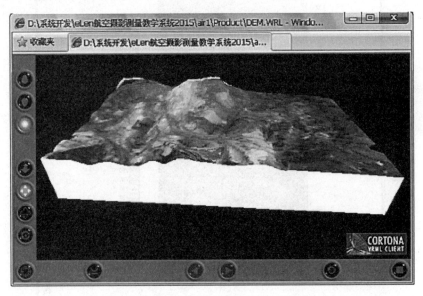

图 3-52　输出到 VRML 的 DEM+DOM

7. 实习报告生成

单击系统主界面菜单"实习报告"→"实习报告自动生成"选项，将从实习工作区加密数据库中调出已提交的数据及成果，自动生成 Word 格式的实习报告。

报告数据部分已由系统自动生成,但实验分析部分(见每章最后一小节)内容需要用户自己撰写。实验分析应包含对本章实验情况的总结,重点要结合各算法的基本原理,对实验结果进行精度评价与分析,包括误差来源分析、各误差源对计算精度的作用机理、提高精度的措施等。

3.2 模拟航空摄影测量系统

3.2.1 模拟航空摄影测量系统概述

模拟航空摄影测量系统是四维远见根据测绘学科的教学要求而设计开发的实验系统,该系统将摄影测量实习中需要在外业实习操作的过程转移到了室内进行。模拟航空摄影测量由沙盘模型、空中轨道、影像采集装置、控制系统四部分构成。该系统的实现方式主要是在室内建设一套模拟地球表面的实体沙盘,在沙盘上方架设轨道及相机,通过相机获取沙盘模型的影像像对来模拟野外航空摄影测量,这种方式可以使得航拍过程更直观且不受天气影响;获得影像后,可以开展影像预处理、像控点测量、空中三角测量、摄影测量工作站4D数据生产等实验。通过系统的操作,可以更好地培养学生的操作能力,加强他们对理论知识的学习与巩固,提高测绘工程、遥感科学与技术、地理信息系统专业学生的应用水平,使学生更好地掌握摄影测量及3S集成技术。

1. 沙盘模型

沙盘模型(图 3-53)是模拟航空摄影测量系统中的主体部分,本沙盘面积为 4m×7m,具有常见的地形地貌,地貌穿插河流、山地,并在河流上面做大坝监测、桥梁监测的监测点模型,在山体上做滑坡监测点模型,沙盘中还有林地、城区、道路等。模型中城市建筑部分以学校为原型,主体建筑物按 300∶1 缩小制作,包含整个校园。沙盘不仅可以为摄影测量提供拍摄区域,还可以为数字测图原理课程、变形监测课程等提供实例模型。

图 3-53 模拟航空摄影测量系统沙盘

由于沙盘布设于室内,存在光线问题,全站仪难以直接采集沙盘中地物的点位信息。通过在沙盘模型上使用反射贴片来布设像控点,与沙盘中其他地物相比,反射贴片不仅反差大、中心点明显,而且易于测量,在后续的空中三角测量中,刺点更为方便,控制点标志如图 3-54 所示。测区内共布设 8 个控制点,分布如图 3-55 所示。

图 3-54　像控点示意图　　　　　图 3-55　测区内控制点分布图

2. 空中轨道

模拟航空摄影测量系统的空中轨道悬置于沙盘上空 2.7m，由 3 个直线导轨呈"工"字形排列，如图 3-56 所示。相互平行的旁向导轨 a、b 与航向导轨 c 垂直相交形成 5100mm×3700mm 的平面坐标系，坐标原点位于实验室的东南角（图 3-56 左上角）。

图 3-56　模拟航空摄影测量系统空中轨道

3. 影像采集装置

模拟航空摄影测量系统通过搭载于航向导轨 c 上的影像采集装置进行影像采集，如图 3-57 所示。图中影像采集装置左侧的佳能单反相机可以模拟单镜头无人机采集影像，右侧五镜头倾斜摄影相机进行倾斜影像采集，倾斜摄影机由 5 台索尼 5100 相机组成，如图 3-58 所示，中间的相机拍摄垂直影像，四周 4 个相机分别以前、后、左、右 4 个角度进行拍摄。

4. 控制系统

模拟航空摄影测量系统的控制系统包括配置平板电脑中的航线规划及轨道控制软件、计算机的实时观测软件。航线规划及轨道控制软件以操纵单片机来驱动步进电机，使航向移动导轨和搭载于该导轨的相机移动，并结合曝光器采集沙盘影像。实时观测软件用于控制传统单镜头相机，采集正射影像并显示实时影像。

图 3-57　影像采集装置

图 3-58　倾斜摄影机

3.2.2　模拟航空摄影测量系统操作

1. 正直摄影影像采集

正直摄影利用单镜头佳能单反相机模拟无人机云台。采集影像数据时,通过轨道操作软件设置参数,将设置好的参数传输至工字形轨道系统后,可自动运行也可手动运行相机,利用 CamFi 软件远程控制相机进行影像的传输和存储,完成模拟正直摄影影像采集。具体操作如下。

1) 航线规划及轨道控制系统软件操作

通过航线规划及轨道控制软件对影像采集装置上的佳能单反相机发送航线设置、相机拍照、相机移动等命令,控制相机在工字形轨道运行拍照。

(1) 蓝牙连接

打开安装航线规划及轨道控制系统软件移动设备的蓝牙,在软件页面搜索可用设备"CNC"并连接。连接成功后有提示蓝牙连接成功即可,如图 3-59 所示。

(2) 软件参数设置

进入轨道控制界面(图 3-60),单击右上角三个小点,如图 3-60 所示标记①处,可出现下拉菜单,在下拉菜单中选择"轨道参数设置"选项(图 3-60 "②")。如图 3-61 所示,设置轨道参数,包括曝光时间、电机运行最高速度(不能大于 50mm/min)以及电机回零速度(不能大于 30mm/min),这 3 项参数都设置好后,单击右上角"保存"按钮保存。

图 3-59　航线规划及轨道控制
　　　　　系统软件(CNC)

(3) 用户参数设置

根据实验室设备数据不同,所设置的参数需求也不同,如图 3-62 所示。设置的参数如下。

① 相机的参数

焦距(mm):根据相机型号设置。

相对航高(mm):沙盘基准到相机中心距离。

图 3-60　轨道控制界面

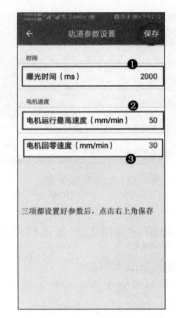
图 3-61　轨道参数设置界面

感应器宽（像素数）：根据相机型号设置。
感应器高（像素数）：根据相机型号设置。
像元尺寸（μm）：根据相机型号设置。
② 航线参数
航向重叠度（%）：按照航摄基本要求大于 60%。
旁向重叠度（%）：按照航摄基本要求大于 15%。
航向长度（mm）：最大值是沙盘实际航向长度值。
旁向长度（mm）：最大值是沙盘实际旁向长度值。
设置完成后，单击右上角"计算参数"按钮，如图 3-63 所示，会显示按设置的航向重叠度、旁向重叠度、航向长度，以及旁向长度计算出的像幅宽、像幅高、航线数、航向曝光点数、航向基线长度及旁向基线长度，单击"保存"按钮即可。

（4）参数保存至控制板

参数设置保存后，回到轨道控制界面。如图 3-64 所示，选择将设置的参数通过蓝牙发送至影像采集装置的控制板，保存成功后主界面会显示 3 次发送和接收命令，如图 3-65 所示。

2）CamFi 远程控制相机软件操作

计算机上安装好 CamFi 软件，打开软件，配置影像保存地址和像片保存类型，将之后拍摄的影像通过 Wi-Fi 传输至 CamFi 软件，按设置好的保存路径保存，自动存储至相机 SD 卡中。

3）手动曝光采集影像

在用户参数设置中根据影像采集需求设置航向重叠度、旁向重叠度、航向长度及旁向长度。通过计算参数得到航线数、航向曝光点数、航向基线长度及旁向基线长度等。

图 3-62　用户参数设置界面

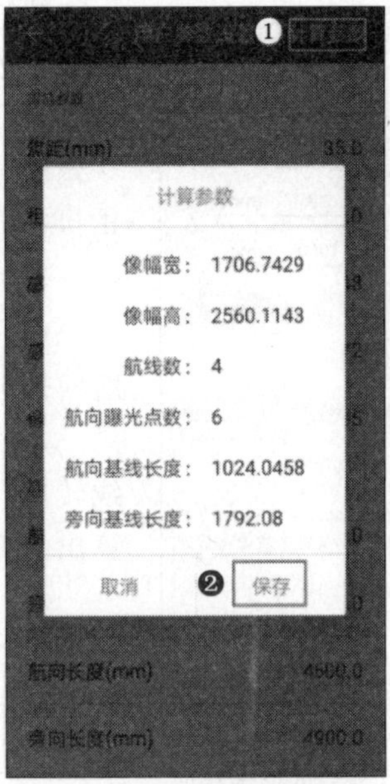

图 3-63　计算参数界面

图 3-64　参数保存至控制板

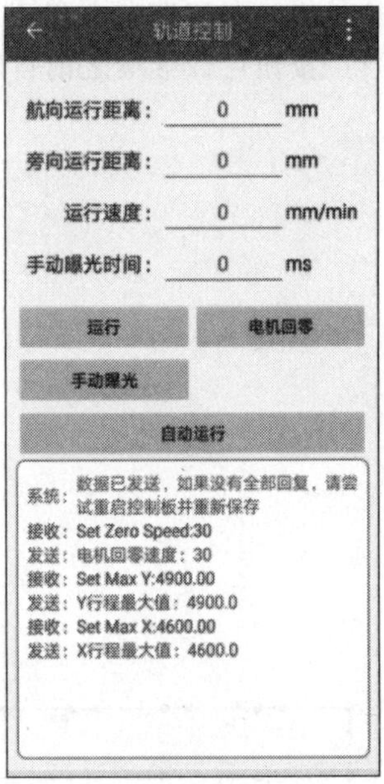

图 3-65　显示发送和接收命令

在轨道控制界面,首先将工字形轨道上的电机回零,然后按照计算出的航向基线长度、旁向基线长度设置航向运行距离和旁向运行距离,运行速度和手动曝光时间根据实际情况设置。在零位置,先手动曝光拍摄一张影像,影像通过 CamFi 软件传输并存储完成后,单击"运行"按钮,电机接收到指令,按设置参数移动相机到下一个曝光点(摄站),如图 3-66 所示。

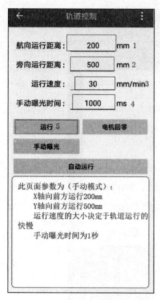

轨道运行至指定位置时，单击"手动曝光"按钮即可完成相机曝光，影像通过 CamFi 软件传输并存储完成后，继续单击"运行"按钮，电机移动相机到下一个曝光点（摄站），拍摄下一张照片。重复以上操作，直至整个拍摄区域照片拍摄完成。拍摄完成后单击"电机回零"按钮，将相机移至起始位置。

要特别注意以下几点。

（1）在一条航线上移动时，旁向运行距离应该是 0，只有航向按航向基线长度运行。

（2）进行航线转换时，如图 3-67 所示，A 点到 B 点是航线转换点，此时航向运行距离应该设为 0，旁向运行距离是计算出的旁向基线长度。

（3）在偶数航线上移动时，如图 3-67 中 B 点到 C 点，相当于相机倒退运行，此时旁向运行距离设置为 0，航向按航向基线长度运行且为负值。

4）自动运行采集影像

单击软件页面"自动运行"弹出命令框，单击"开始任务"即可完成自动运行命令，如图 3-68 所示，电机按照前面用户参数设置计算出的参数进行影像的自动移动采集。在软件页面单击"停止"按钮，即可在下一个曝光点停止运行，停止后单击"自动运行"按钮可以继续之前自动运行的命令。

图 3-66　手动采集影像界面

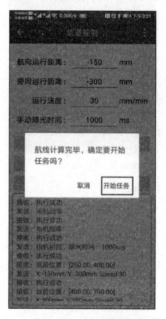

图 3-67　航线及曝光点示意图　　　　图 3-68　自动运行采集影像界面

2. 倾斜摄影影像采集

倾斜摄影影像采集利用影像采集装置中的五镜头倾斜摄影机完成。在进行影像数据采集时,仍然通过轨道操作软件根据需要进行参数设置,包括焦距、相对航高、感应器宽、感应器高、航向重叠度、旁向重叠度、航向长度以及旁向宽度等,通过参数计算得到航向与旁向的基线长度。可以用手动和自动方式进行影像采集。利用 CamFi 软件远程控制相机进行影像的传输和存储,完成模拟倾斜摄影影像采集。在某一摄站通过倾斜摄影采集的影像有 5 张,如图 3-69 所示。

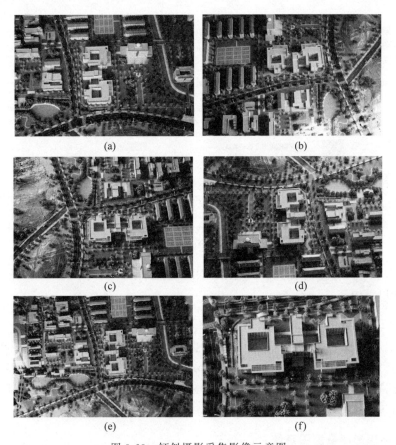

图 3-69　倾斜摄影采集影像示意图
(a) 前向倾斜影像;(b) 左向倾斜影像;(c) 右向倾斜影像;(d) 后向倾斜影像;(e) 正射影像;(f) 局部放大影像

3.3　摄影测量云教学系统

3.3.1　摄影测量云教学系统概述

摄影测量云教学系统是武汉兆格信息技术有限公司根据目前摄影测量教学现状的需求,通过将教、学、练全面云化开发的 VirtuoZo 云桌面,如图 3-70 所示。VirtuoZo 云桌面致力于通过运用互联网、云计算、摄影测量、计算机视觉、机器学习等技术,将"数据、任务、人员、软件、算法"连接起来,形成"海量、弹性、在线、协作、可定制"的智能计算生产能力,为用户提供通过处理航空照片、卫星影像、无人机影像、地面摄影、雷达影像等各类遥感对地观测数据,得到地面物体的几何信息、物理信息、属性信息、变化信息的计算生产平台以及最终数据的产品和服务。

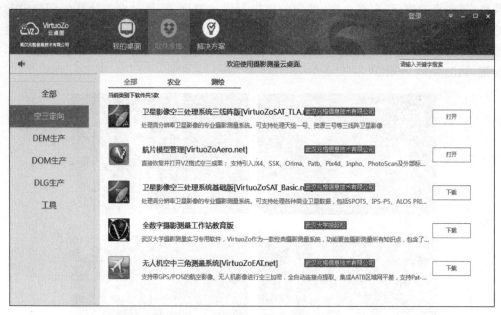

图 3-70　VirtuoZo 云桌面

针对无人机解决方案的工具软件包括空中三角测量、DEM、DOM、DLG、三维建模处理，具体包括以下内容。

1. 空中三角测量加密处理系统

该系统具备高性能处理大批量无人机数据空中三角测量处理需求，支持固定翼、旋翼无人机数据处理，最大支持处理数据大于 10 000 张，支持快拼和航飞检查，支持 CUP/GUP 高速处理，支持预测辅助添加控制点，支持 GPS 平差、控制点平差、GPS 和控制联合平差模式，支持输出 VirtuoZo、Patb 等常见格式，支持输出任意坐标系成果。

2. 全数字摄影测量测图系统

全数字摄影测量系统主要用于航空影像的数字线划图测图生产，能够快速准确地进行影像匹配，同时以此为基础生成核线影像进行内业的矢量采集处理。该系统支持摄影测量卫星的影像及其他航片的自动定向、匹配生成、检查验收，并具备数据的内业编辑、矢量采集以及数据成果输出国标格式等基本功能。软件满足摄影测量内外业并行化作业的生产方式。标准配置的 VirtuoZo 系统功能，包括从基本的数据管理、先进的定向计算、超快速的影像匹配处理，到高度自动化生产 4D 产品的全部实用功能，可以测绘各种比例尺数字线划图、高精度数字高程模型、高质量数字正射影像图和数字栅格地图等全线测绘产品。

3. 数字摄影测量网格处理系统

数字摄影测量网格处理系统 DPGrid 是中国工程院院士张祖勋提出并指导研制的新一代数字摄影测量系统，是一款高效的、自动化的数字摄影测量网格处理软件，如图 3-71 所示。DPGrid 主要用于无人机、近景摄影测量等影像数据的快速处理和批量处理，集多视影像匹配、高性能计算、自动空中三角测量加密、数字表面模型（digital surface model，DSM）、正射影像生成等技术于一体，为用户提供了一套完整的从原始影像到地理信息产品的生产流程。DPGrid 在关键技术、软件系统等方面进行了十几年潜心研究，突破了中低空影像一键式智能处理、多源国产卫星影像协同处理以及大范围地理信息产品准实时生产等核心难题，多项关键技术居国际领先水平。该系统广泛应用于多项国家重大工程项目及各类地理信息产品生产项目，并在汶川特大地震、雅安地震和余姚水灾等突发灾害应急响应方面发挥了巨大作用。

图 3-71　VirtuoZo 云桌面中的 DPGrid 教育版软件

DPGrid 的主要特点如下。

高效自动化：DPGrid 能够自动或半自动地完成影像的匹配、空中三角测量加密等步骤，大大提高了数据处理效率，减少了人工干预的需要。

多源数据支持：DPGrid 支持多种类型的摄影测量数据，包括无人机影像、卫星影像、航空影像以及近景摄影的测量数据等，具有广泛的适用性。

高精度处理：DPGrid 采用先进的算法和技术，能够确保处理结果的高精度，满足各种应用的需求。

批量处理能力：DPGrid 支持批量处理大量的影像数据，适合大规模的数字摄影测量生产任务。

可视化与交互性：系统提供了丰富的可视化工具和交互界面，用户可以直观地查看处理过程和处理结果，方便进行质量控制和进一步的编辑。

可扩展性：DPGrid 提供了开放的应用程序接口（application program interface，API），可以根据用户需求进行定制开发，实现与其他系统的集成。

DPGrid 在多个领域有着广泛的应用，如地形测绘、城市规划、环境监测、灾害应急等。它能够帮助用户快速获取地理信息数据，提高数据处理和分析的效率，为决策提供科学依据。使用 DPGrid 进行数字摄影测量时，需要根据具体的数据和应用场景，合理配置参数和选择合适的处理策略，以确保处理结果的准确性和可靠性。

3.3.2　DPGrid 影像数据处理

DPGrid 能够满足如图 3-72 所示的数据处理流程，其中最主要的数据处理包括空中三角测量、DEM 生产、正摄影像生产以及 DLG 生产。

1. 空中三角测量

DPGrid 软件的空中三角测量处理过程采用了定位测姿系统（position and orientation system，POS）或全球定位系统（global positioning system，GPS）辅助的光束法区域网平差。可以处理无人机影像和传统的航空影像，它利用基于广义点的影像匹配技术在影像上自动选点与转点，获得同名像点，然后通过 POS（或 GPS）辅助区域网平差确定加密点坐标和影像定向参数，具体流程如图 3-73 所示。

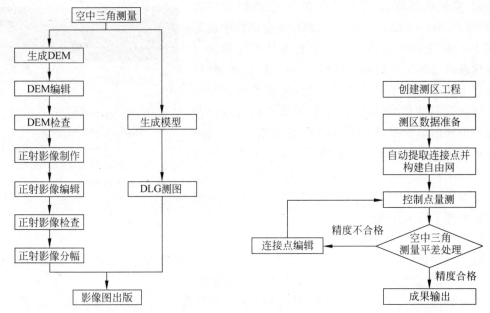

图 3-72 DPGrid 软件数据处理流程图　　图 3-73 DPGrid 空中三角测量流程图

1）创建测区

首先要构建测区,准备相机信息文件、地面控制点以及 POS/GPS 等数据,如果航拍使用了非数码相机,则需要进行影像内定向,建立数字影像中的各像元行、列与其像平面坐标之间的对应关系。如果是数码影像,则无须进行内定向。

2）匹配连接点并组成测区的整体自由网

对测区中的每一张影像,用特征点提取算子选取均匀分布的明显特征点。通过影像自动匹配得到测区中所有与其重叠影像上的同名点,形成空中三角测量连接点。之后,使用光束法平差算法对连接点进行平差解算,将所有影像相互连接起来,形成测区的整体自由网。

3）控制点半自动量测

人工对地面控制点影像进行识别并定位,通过多影像匹配自动转点得到其在相邻影像上的同名点。

4）区域网平差解算

将控制点和 POS 数据作为平差条件,进行严格的区域网平差解算,得到所有影像的外方位元素以及所有连接点的地面坐标。通过平差报告对处理结果进行评估,如果发现结果达不到要求,则需要根据报告内容对连接点、控制点以及 POS 数据进行核查,同时还需要调整平差算法的参数,重新平差解算,直到结果达到要求,然后再输出平差结果作为最终空中三角测量成果。

2. DEM 生产

1）密集匹配

密集匹配是通过摄影测量中前方交会得到地面点坐标的思想,在空中三角测量结果基础上,通过各种匹配算法获得测区密集点云的一种方法,其特点是可以生成密度非常高的地面点。密集匹配生成点云主要是自动化处理，常用功能主要有设置测区高程面、重新计算模型参数、匹配选中的模型、匹配整个测区等。

(1) 设置测区高程面

在密集匹配界面中，所有影像使用测区平均高程叠放在一起组成整个测区的影像，这样方便作业人员了解测区整体情况。但平均高程有时候是不正确的，这样会导致叠拼影像错位，此时可以修改测区的平均高程。修改包括抬高和降低两种操作。平均高程还有一个更重要的作用，测区中所有影像将根据平均高程自动组成立体模型，组合过程中会自动判断重叠度、交会角度等条件，使组合出的立体模型最理想。若平均高程不正确，自动组合的立体模型也就不正确了，这样不利于匹配和后面的 DEM 编辑、DLG 生产等。

(2) 重新计算模型参数

这个功能用于修改了测区平均高程后，重新组合测区的立体模型。组合过程中会自动判断重叠度、交会角度等条件，使组合出的立体模型最理想。组合好的立体模型将用于后续的 DEM 编辑、Mesh 生产和 DLG 生产等。

(3) 匹配选中的模型

这是密集匹配模块提供的一个扩展功能，可实现每个立体模型单独进行密集匹配，生成模型的点云。该功能主要用于模型检查，即核查模型是否正确，如果可以匹配出正常的点云，说明该立体模型相关参数没有问题。

(4) 匹配整个测区

在密集匹配界面的菜单中选择"处理"→"匹配整个测区"菜单项，系统弹出"DEM Matching"主界面，并自动加载当前打开的测区工程，如图 3-74 所示。

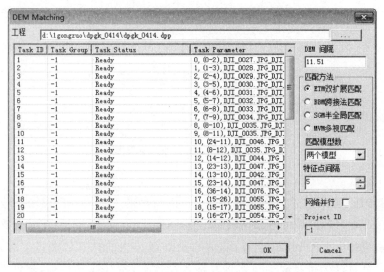

图 3-74　密集匹配界面

对话框上各控件的功能如下。

① 工程按钮：设置和选择工程路径。

② 分辨率设置：设置 DEM 格网间距，不同比例尺间隔不同。比如，1000 比例尺间隔设置为 1m。

③ 匹配方法选择：选择密集匹配时使用的方法，匹配方法包括双扩展匹配（embedding topic model，ETM）、跨接法匹配（based block matching，BBM）、半全局匹配（semi global matching，SGM）和多视匹配（multi view matching，MVM）。

设置好参数后，单击"OK"按钮开始密集匹配，匹配结果保存在工程路径下 DEM 文件夹中。一般情况下，2000 比例尺 DEM 对应的地面影像分辨率（即地面采样距离，ground sampling distance，GSD）大小推荐为 2m；1000 比例尺 DEM 对应的 GSD 大小推荐为 1m。

2）点云处理

在 DPGrid 软件主菜单下选择"DEM 生产"菜单下的"点云处理"选项，系统弹出点云处理界面 DPFilter，在"文件"菜单中打开需要编辑的点云数据 LAS 文件后，可以在主窗口显示点云。点云处理包含文件菜单、查看菜单、处理菜单、窗口菜单及帮助菜单，选择相应的处理功能就能对数据进行相应的处理，其工作流程图如图 3-75 所示。

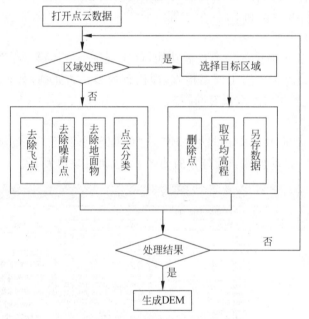

图 3-75　点云编辑处理流程图

3）Mesh 编辑

Mesh 编辑是专门用于生产和编辑测区 Mesh 模型的工具，利用地形的特征点、特征线、特征面等信息产生目标区域的三角网模型。在 DPGrid 界面上选择"DEM 生产"→"TIN 编辑"菜单项，系统弹出 DPTinEdt 主界面，并自动加载了当前打开的测区工程，可进行 TIN 编辑。作业人员通过交互处理不断地重复输入特征点、特征线等目标，软件实时构建不规则三角网（triangulated irregular network，TIN），再根据 TIN 的情况确定是否修改特征或者继续增加新特征，直到成果满足要求为止。常用功能主要包括：载入立体模型、装载测区、输入特征点、输入特征线、编辑修改、构建 TIN、输出 TIN 等，最终在 TIN 界面中显示根据当前采集的特征点或特征线构建的三维网型，如图 3-76 所示。

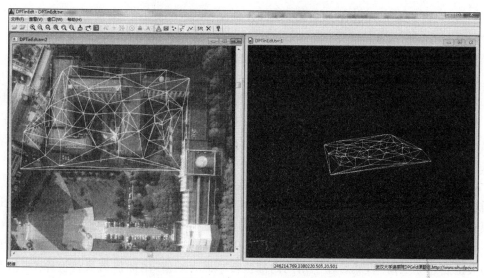

图 3-76　TIN 成果显示

4）DEM 编辑

为了保证所生产的 DEM 是合格的成品，必须进行人工交互编辑与检查。DEM 编辑就是通过人工在立体环境下对 DEM 进行测量和核实的生产过程。在 DPGrid 界面上单击"DEM 生产"→"DEM 编辑"菜单项，系统弹出 DPDemEdt 主界面，如图 3-77 所示，并自动加载当前打开的测区工程。通过立体像对建立立体量测环境，然后将 DEM 数据显示到立体环境中，作业人员在立体环境中对 DEM 进行观测，编辑修改错误位置，形成合格的 DEM 成品。这个生产过程需要用到专业立体显示和观测设备，也需要作业人员具备熟练的立体观测技能。DPDemEdt 支持任意调整立体模型的视差，也支持测量特征点、特征线，然后进行局部替换。

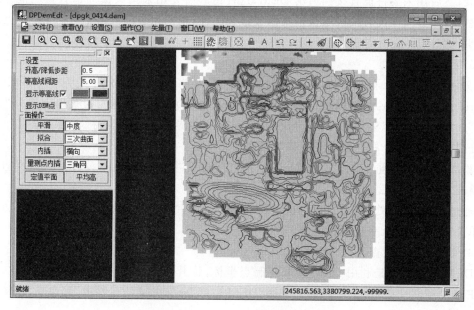

图 3-77　DEM 编辑界面

DEM 编辑菜单下共包含 7 个菜单项,分别是"文件""查看""设置""操作""矢量""窗口""帮助"。

实际编辑过程中,主要有以下编辑处理功能。

(1) 平滑:对选中区域中的 DEM 格网点进行平滑运算,算法类似于中值滤波或高斯滤波。效果表现是区域内的 DEM 点比较光滑,等高线也比较光滑,通常用于纹理细碎区域。

(2) 拟合:对选中区域中的 DEM 格网点进行拟合,可以选择拟合为二次曲面或平面,注意不是水平面,而是空间平面。效果表现是区域内的 DEM 点按曲面或平面分布,通常用于边坡编辑。

(3) 内插:对选中区域中的 DEM 格网点,仅用边界 DEM 格网点进行横向或纵向的线性插值。效果表现是区域内部 DEM 点不论如何分布都会被替换。通常用于去除某区域的错误点,也可抹去某些目标,如孤立树、孤立房屋等。

(4) 量测点内插:对选中区域中的 DEM 格网点,使用选择操作过程中输入的鼠标位置作为关键点建立三角网,然后在三角网内部执行小面元插值,用插值结果替换原 DEM 格网点。效果表现是区域内部 DEM 点不论如何分布都会被替换。通常用于一些复杂区域的 DEM 编辑,使用鼠标选择的点进行局部替换。

(5) 定值平面:对选中区域中的 DEM 格网点,使用输入的 DEM 高程进行统一替换。效果表现是将选择区域的 DEM 设置为指定高程的水平面,通常用于水面、操场等水平目标的处理。

(6) 平均高程:对选中区域中的 DEM 格网点求平均高程。效果表现是将选择区域的 DEM 设置为平均高程的水平面,通常用于水平目标的处理。

(7) 键盘的上下方向键对选中区域中的 DEM 格网点进行抬高或降低高程操作,改变的步距在设置功能中指定,对任意高程不正确的目标都可以进行处理。

有些情况下,地形非常复杂,自动匹配的结果不理想,作业人员希望自己采集特征点、特征线,然后用采集特征直接插值出 DEM,这种情形需要用采集矢量局部替换功能。使用局部替换时,必须保证替换区域被采集的矢量包围住,否则无法插值出正确的 DEM。

编辑完成后,保存并退出 DPDemEdt 模块。

5) DEM 拼接

实际生产中,为了生产出大范围的 DEM,需要将多个 DEM 拼接为一个 DEM,在 DPGrid 系统中,DEM 拼接模块称为 DPDemMzx。在 DPGrid 主界面的菜单上选择"DEM 生产"→"DEM 拼接"菜单项,系统弹出 DPDemMzx 主界面。DEM 拼接界面下共 5 个菜单项,分别是"文件""查看""处理""窗口""帮助"。

添加 DEM 后,通过单击"处理"→"执行拼接"选项进行拼接操作,设置是否进行边界裁剪,单击"确定"按钮完成拼接。

通过选择菜单"处理"→"执行更新"菜单项,指定存储路径,设置是否需要进行边界裁剪,单击"确定"按钮,完成更新输出。

6) DEM 质量检查

DEM 质量检查是利用 DEM 获取控制点坐标,将其与控制点原始坐标进行对比,来检验 DEM 的精度。在 DPGrid 界面上选择"DEM 生产"→"DEM 质量检查"菜单项,系统弹出 DEM 质量检查主界面。

打开界面以后，通过 DEM 添加路径和控制点文件添加路径添加 DEM 文件和控制点文件，在界面左侧列表中即可显示每一个点的误差，如图 3-78 所示。文件添加完成后，设置控制点限差值，单击"Check"按钮，然后单击"Report"按钮输出 DEM 质量检查报告。

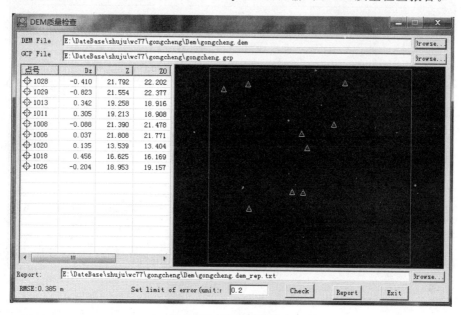

图 3-78　DEM 质量检查

3. DOM 生产

正射影像（DOM）制作过程就是一个微分纠正的过程。DPGrid 主要处理数字影像，采用数字微分纠正技术完成。根据有关的参数与数字地面模型，利用构像方程式即共线方程或按一定的数学模型用控制点解算，从原始非正射投影的数字影像获取正射影像，这种过程是基于数字方式处理，将影像化为很多微小的区域逐一进行解算。

1）快拼影像

对拍摄的影像根据摄影测量的基本原理和计算机视觉的先进算法进行全自动的快速处理，将测区影像进行全自动拼接，形成一张整体的影像图。通过快拼图不仅可以实现测区的完整性检查，发现拍摄过程的一些问题（如漏拍、变形过大等），还可以了解目标区域的地形地貌分布、地物数目、地物类别等。此外，快拼图也是地面控制点布设的重要依据之一。

DPGridEDU 软件系统支持自由网平差结束后直接进行影像快速拼接。在 DPGrid 主界面上，单击"DOM 生产"→"快拼影像"选项，系统弹出如图 3-79 所示的快拼图生产界面。

2）正射影像制作

在 DPGrid 主界面上选择"DOM 生产"→"正射生产"菜单项，系统弹出如图 3-80 所示界面。正射影像生产的成果为单张正射影像，保存在工程目录下 DOM 文件夹内，以影像名称命名。

为了保证最终提交成果的效果，在正射影像制作过程中需要注意以下几点。

（1）影像整体色彩、亮度保持一致。可以通过空中三角测量将原始影像进行匀光匀色

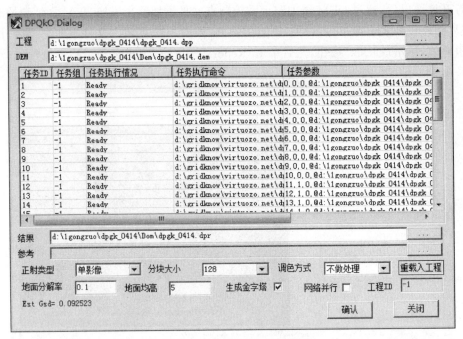

图 3-79 快拼图生产界面

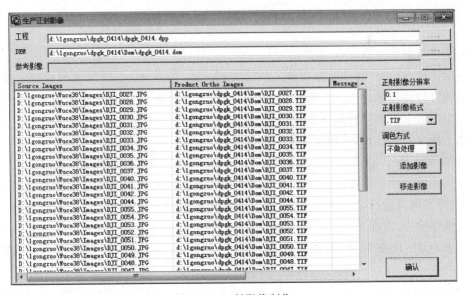

图 3-80 正射影像制作

处理。在匀光匀色过程中,可以利用模板对原始单张影像进行处理,也可以在成果完成后,使用 Photoshop 对成果进行局部色彩调整,保持成果整体效果一致。

(2)成果精度。正射影像除了影像的直观性,还有矢量数据的可量测性。在成果完成后要对成果的精度进行检测,满足对应比例尺的精度要求。

(3)逻辑关系一致。正射影像成果完成后,要对正射影像的每一处地物进行检测,重点检测房屋、道路的逻辑关系一致,保证房屋、道路不能有扭曲、拉花、错误的物理逻辑关系等情况。

3) 正射影像拼接

当研究区域处于几幅图像的交界处,或研究区很大需多幅图像才能覆盖时,图像的拼接就必不可少了。在影像的获取过程中,各种环境因素使得每条航带内的影像和航带间相互连接的影像都存在色差、亮度等多方面不同程度的差异,故正射影像制作中需要用软件对影像进行处理。

在 DPGrid 软件界面上选择"DOM 生产"→"正射拼接"菜单项,系统弹出 DPMzx 界面。DPMzx 正射影像拼接软件共包含 6 个菜单项,分别是"文件""查看""显示""处理""窗口""帮助"。

(1) 新建工程

选择菜单"文件"→"新建"选项,弹出"新建工程"对话框,设置工程路径和工程参数,单击"确定"按钮,即可新建一个拼接工程并进入拼接工程界面。

(2) 添加影像

选择菜单"文件"→"添加影像"选项,在系统弹出的对话框中选择需要进行拼接的正射影像文件,然后单击"打开"按钮,窗口中即显示该正射影像。影像添加完成后,系统会将所有影像按坐标叠合在一起显示,此时相互有压盖是正常现象,在生成拼接线后,压盖才会消失,如图 3-81 所示。

图 3-81　添加影像后界面

(3) 生成拼接线

在添加影像后,选择菜单"处理"→"生成拼接线"选项,即生成了红色的拼接线。自动生成的拼接线并不能完全保证房屋、道路的完整性,不能保证房屋、道路没有错位,所以拼接线生成后需要通过人工编辑拼接线,保证房屋、道路的完整性和逻辑关系的一致性。

(4) 编辑拼接线

选择菜单"处理"→"编辑拼接线"选项,开始编辑拼接线。移动鼠标或者添加拼接线上的节点,拼接线变化后即可查看拼接效果。通过调整拼接线使拼接线两边的影像过渡更自然,色差更小,保证房屋、道路的完整性,逻辑关系一致性。

(5) 拼接影像

拼接线编辑完成后,就可以将拼接的成果输出,选择菜单项"处理"→"拼接影像"选项,系统弹出拼接成果保存窗口,指定成果保存路径和名称即可进行拼接输出,拼接成果格式默认为 *.dpr,同时也支持 *.ol、*.lei、*.tif 格式。

4) 正射影像编辑

自动生成的大比例尺的正射影像,对于高差较大的地物(如高大的建筑物、高悬于河流之上的大桥等)很可能出现严重的变形;对于用左、右片(或多片)同时生成的正射影像,有时还会在影像接边处出现重影等情况;此外,也会因为 DEM 编辑不到位而造成地物变形。规范的操作是在 DOM 成果输出后对 DEM 再次编辑,再进行 DOM 单片纠正和拼接,但是使用这种方法会造成比较大的工作量。但变形对实际生产会造成不利的影响,为此,可采取正射影像编辑的方法对其进行局部校正。

在 DPGrid 软件界面上选择"DOM 生产"→"正射编辑"菜单项,系统弹出 DPDomEdt 界面,DPDomEdt 正射影像编辑软件共包含 6 个菜单项,分别是"文件""查看""设置""编辑""窗口""帮助",如图 3-82 所示。

图 3-82　正射编辑界面

正射影像编辑主要有以下操作。

(1) 打开影像

进入界面后,软件会默认打开工程目录下 DOM 文件夹内<测区名称>.dpr 文件,若要编辑其他影像,则单击"文件"→"打开"选项,在系统弹出的"打开"对话框中选择需要进行编辑的正射影像,系统将载入编辑影像并显示。

(2) 引入 DEM 数据

正射影像编辑过程中,打开待编辑的正射影像后,还需要载入正射影像对应的 DEM 文件。单击"文件"→"载入 DEM"选项,软件弹出"载入 DEM"界面,找到当前测区下的 DEM 文件,单击"打开"按钮,DEM 以等高线的方式显示在正射影像上。等高线显示参数可以通过设置参数进行修改，包括等高距、DEM 高程变化步距、DEM 平滑系数、等高线的线分首曲线和计曲线颜色等。

（3）打开 DP 测区

为了使用 DEM 重纠影像功能，需要引入当前 DPGridEDU 测区文件。单击"文件"→"载入 DP 测区"选项，软件提示载入 DP 测区界面，找到当前测区的工程文件并打开即可。

（4）定义编辑范围

可以通过矩形和多边形框选编辑范围，出现红色范围线代表已选中。

（5）DOM 编辑

在选择需要编辑的区域后，即可进行编辑处理。DPGrid 系统支持多种方式编辑正射影像，包括修改 DEM 重纠、调用 Photoshop 处理、参考影像替换、挖取原始影像填补、指定颜色填充、匀色匀光和调整亮度对比度等。

（6）保存编辑结果

选择"文件"→"保存"菜单项，可保存当前编辑结果，全部编辑完成并保存后，可选择"文件"→"退出"菜单项退出程序。

5）正射影像精度评定

影响正射影像精度的因素是多方面的，对于正射影像的成图检查也要从对生产过程的监督入手，检查各工序的作业程序是否符合国家、行业规范以及设计书的要求，各项精度指标是否达到要求，正射影像的生产是否做到有序进行等。

正射影像精度评定的方法很多，可以利用检查点进行精度评定，也可以对拼接边进行检查，或者通过对正射影像图进行计算机目视检查实现精度评定。DPGrid 系统主要通过检查点对正射影像成果进行质量评定。

在 DPGrid 软件界面上选择"DOM 生产"→"正射质检"菜单项，系统弹出正射影像质量检查主界面。打开一幅正射影像后，可见到所有可用功能及菜单，如图 3-83 所示。

图 3-83　正射质检界面

正射影像打开后，引入检查需要的控制点文件，选择"文件"→"导入控制点"选项，在导入控制点界面中，指定控制点文件，选择点位图路径（点位图命名必须与控制点 ID 一致，如果没有点位图文件，可以不指定），单击"确定"按钮，控制点列表中显示已导入的控制点，界面中根据控制点坐标自动匹配位置。

控制点引入以后，就可以根据控制点外业测量坐标和内业量算坐标得到质检的误差值。在窗口左侧边栏控制点列表中，选择需要检查的控制点，在点位图放大窗口进行控制点量测和评定，完成所有控制点量测和评定后，可以将量测的精度值以 txt 文档的形式导出。选择菜单项"检查"→"导出精度报告"选项，选择或输入报告文件名后单击"保存"按钮，保存检查报告。

6）正射影像图制作

根据国家标准地形图内业规范的要求，图廓整饰包括内外图廓线、公里格网线、经纬度、结合图表、图幅名称、图号、图廓注记、比例尺和各种文字说明等。其中，线条的粗细、采用的字体以及注记的尺寸等均应符合地形图图式的规定。正射影像图是根据质量合格的正射影像数据制作出的一幅带有图名、图号、图式、边框等出版信息的影像成果图，通常可直接提交印刷部门进行喷绘印刷，最后提供给相关应用单位。各生产单位自己也会制作一些有代表性的正射影像图保存下来以供其他人学习或对外展示。DPGridEDU 拥有影像地图制作的功能，即对正射影像进行图廓整饰，生成影像地图。在 DPGrid 软件界面上选择"DOM 生产"→"影像地图"菜单项，进入如图 3-84 所示的 DiPlot 界面，并自动打开当前测区下 DOM 文件夹内<测区名称>.dpr 文件，若要更改影像，可在当前界面下单击"文件"→"打开"选项，选择待处理的影像即可。正射影像图下共 7 个菜单栏，分别是"文件""查看""设置""处理""工具""窗口""帮助"。

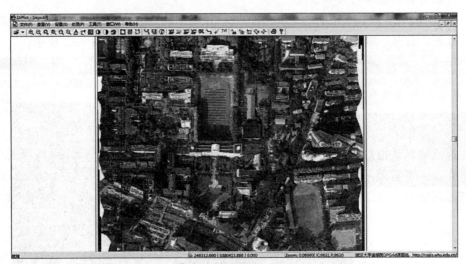

图 3-84　影像地图界面

正射影像图制作主要有以下操作。

（1）引入数据

在 DiPlot 界面，使用"处理"菜单中→"引入设计数据""引入调绘数据""引入测图数据""引入 CAD 数据"菜单项可分别引入对应格式的矢量数据；使用"处理"菜单中的"删除矢量数据"菜单项,可删除引入的矢量;使用"处理"菜单中的"添加路线""添加直线""添加文本"菜单项,可直接在地图上绘制路线、直线和文本注记等。

(2) 设置参数

在 DiPlot 界面,打开"设置"菜单,选择"设置图廓参数""设置网格参数""设置图幅信息""设置路线显示参数""按层设置显示参数"菜单项,可以设置影像图的各个参数。

(3) 输出成果

完成所有设置和编辑后,打开"处理"菜单,选择"输出成果图"菜单项,弹出"输出设置"对话框,设置成果文件路径和名称,保留边界,然后单击"确定"按钮即可生成影像地图成果。

4. DLG 生产

数字线划地图(Digital Line Graphic,DLG)是对测区内所有地物信息、地貌信息用矢量线进行描述组成的图,是 4D 成果之一。DLG 生产通常称为三维立体测图或数字化测图,简称"测图"。测图是一个人机交互的过程,需要作业人员对影像中的目标逐个描出,并赋予其属性。DLG 生产需要在专业立体环境中进行,系统先将获取的影像两两组成立体像对,然后将数据放入由专业立体显示设备(主要是立体显卡和立体显示器)和立体观测设备(主要是立体眼镜)组成的立体环境中,作业人员在立体环境中,用测标对准目标,跟踪绘制出其三维矢量线,形成 DLG 成果。

DPGrid 的测图模块称为 DPDraw,支持多种立体显示设备(主要包括分屏立体、红绿立体和闪闭立体等),除标准的鼠标外,也支持手轮脚盘、3D-Mouse 等设备,因此可以在专业立体计算机上进行采集,也可以在普通的计算机上进行采集。在 DPGridEDU 主界面下,单击"DLG 生产"→"立体影像测图"菜单项,进入 DPDraw 界面,在打开或新建矢量文件后,系统显示全部功能,分别是"文件""查看""模式""绘制""编辑""窗口""帮助"。DLG 生产主要有以下操作。

1) DLG 要素采集

DLG 的生产过程就是 DLG 要素的采集过程。

(1) 新建矢量文件

DPDraw 立体测图中,首先要新建测图成果文件,在"文件"菜单中选择"新建"菜单项,在弹出的对话框中,需要指定成图比例尺、高程点小数位数、流线压缩容差、图幅范围等信息。图幅范围默认由最小 xy、最大 xy 两个点定义,也可以选中小选项框输入 4 个角点的坐标。作业人员需要清楚自己负责生产 DLG 的图幅范围,并将其输入此对话框中,测图过程中若发现采集的数据不在范围中,则说明已经超出作业范围了,无须继续采集。

(2) 载入立体模型

单击"文件"→"载入立体模型"菜单项,系统弹出"立体像对参数"设置对话框。选择创建立体模型的左、右影像,修改地面高或航高,然后单击"确认"按钮,系统将显示该模型的立体影像。

(3) 立体测图

立体测图的基本原理就是通过在立体影像中描出测量的目标,这个描图的过程包含了两种完全不同的解算方法。其一是像方测图,用测标在影像上对准目标点,记录坐标。其二是物方测图,其内部处理原理为:给定一个地面点坐标 X、Y、Z,然后分别用立体影像的左、右影像将地面点投影到左、右影像上,并在此影像位置上显示左、右测标。对测量人员来讲,无论是像方测图还是物方测图,观测到的都是立体影像中的一个立体测标。但是物方测图方式可以给测标移动加上各种特殊限制,如高程不变、方向不变等。

(4) 测量地物

测量地物先选择要测量地面的属性,如一般房屋、公共地块、陡坎、小路等。每次测量目标的时候,先在面板上选择地物属性,然后在立体影像中移动测标到目标上,单击记录坐标,所有坐标记录完,右击结束。如果下一目标地面属性不变,可以继续使用鼠标左键采集新地物。

(5) 测量等高线

等高线的测量与一般地物测量类似。最大差异在于等高线必须使用物方测图模式,并锁定高程,等高线的高程必须是等高距的整数倍。

(6) 文字与高程注记

立体测图成果不仅有图形,很多时候还需要加入地名等文字。添加文字的方法是,首先在工程栏的面板上、字体前的编辑框中输入要添加的文字,其次在"绘制"菜单中(或工具条上)选择绘制文本,最后在要添加文字的位置单击就可以将文字放入。

高程注记是一类特殊的文字,高程值是取高程点所在位置的高程坐标,因此无须输入数字,只需在地物属性表中选择一般高程点及高程注记,然后采集高程点,就可以完成文字自动添加。高程点的位置和密度根据相关比例尺的规范执行,通常情况下要求梅花状随机分布。此外,在特定位置必须有点,如山顶最高处和山谷最低处必须有点。

(7) 编辑修改

在立体测图中,如果发现采集错误的地物,可以使用编辑修改功能将其修改到正确的位置。编辑功能的启用方式是在"编辑"菜单中选择"选择目标"菜单项,然后选择希望编辑的地物,若要修改地物上某个点的位置,则只能先选择一个地物,然后选择地物上的一个点,之后移动鼠标,选择的点就随测标一起移动。若想一起删除、移动多个地物,则可以通过下拉列表框选择多个目标,然后在菜单中选择相应的功能即可。为方便作业人员,在空白状态下右击,就可以实现在采集与编辑状态下快速切换。

2) DLG 入库

为将采集的 DLG 放入基础地理信息系统中进行统一管理和利用,需要进行 DLG 数据入库。采用 DPDraw 测图所获得的数据要入库,需要通过格式转换才能完成。目前有两种方法,一种方法是在 DPDraw 中将数据转换为 Shapefile 格式,然后在 ArcGIS 中导入数据。这种模式中,数据属性字段是默认的,无法修改。另一种方法是在 DPDraw 中将数据转为 CAD 的 DXF 格式,然后利用 AreGIS 转换工具将数据引入 AreGIS 中。这种转换模式中,数据属性字段是在 AreGIS 转换工具中指定,由于 AreGIS 中提供了多种选择,可以按要求建立需要的数据属性字段,因此是比较实用的方法。

3) DLG 出版

DPGrid 提供了矢量地图出版软件 DPPlot,专门处理矢量地图整饰出版。软件集成生产单位在矢量成果出版时常用的一些设置,为测绘行业生产矢量地图整饰成果提供了有力的工具。主要操作如下。

(1) 打开 DLG

DPGrid 界面上选择"DLG 生产"→"地图制作"菜单项,系统弹出 DPPlot 界面,选择"文件"→"打开"菜单项,在系统弹出的对话框中选择需要进行出版的 DLG 数据文件,然后单击"打开"按钮,系统即显示 DLG,如图 3-85 所示。

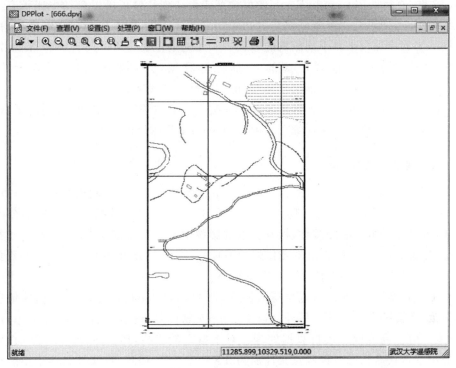

图 3-85 地图制作界面

（2）设置参数

在 DPPlot 界面,使用"设置"菜单中的各个菜单项,可以设置影像图的参数,包括图廓参数、网格参数、图幅信息等。根据矢量地图整饰要求设置图名、图号、地区、版权单位以及结合图表等,设置完毕,单击"确定"按钮保存。

（3）输出成果

完成设置和编辑后,选择"编辑"→"输出成果图"选项,弹出"输出成果图"对话框,设置成果文件路径、名称及保留边界,然后单击"确定"按钮即可。

3.4 无人机影像处理软件 Pix4Dmapper

Pix4Dmapper 影像处理软件是完整的测图、建模解决方案,该软件可将数千张影像转换为对地定位的二维镶嵌图和三维模型,其友好的界面、快速的运行、精确的运算在各行各业中得到了广泛的应用。Pix4Dmapper 无须人为干预即可获得专业的精度,整个过程完全自动化,并且精度更高,真正使无人机成为新一代专业测量工具。无需专业操作员、飞机操控员,Pix4Dmapper 就能够直接处理和查看结果,并把结果发送给最终用户。其完善的工作流把原始航空影像变为任何专业的 GIS 软件都可以读取的 DOM 和 DEM 数据。通过提供 ERDAS、SocetSet 和 Imnpho 可读的输出文件,Pix4Dmapper 能够与摄影测量软件进行无缝集成。还能够自动获取相机参数,自动从影像 EXIF 中读取相机的基本参数。无需

IMU 数据、IMU 姿态信息,只需要影像的 GPS 位置信息,Pix4Dmapper 即可全自动处理无人机数据和航空影像,自动生成 Google 瓦片,自动将 DOM 进行切片,生成 PNG 瓦片文件和 KML 文件,直接使用 Google Earth 便可浏览成果。该软件还可以自动生成带有纹理信息的三维模型,方便进行三维景观制作。Pix4Dmapper 支持多达 10 000 张影像同时处理,并能在同一工程中处理来自不同相机的数据——无论是多架次还是大于 2000 张的数据,都能实现全自动处理。其直观便捷的界面使得数据处理快速高效,但需要配备与 Pix4Dmapper 特性匹配的高性能工作站,才能发挥软件的优势。

Pix4Dmapper 应用领域:航测制图、灾害应急、安全执法、农林监测、水利防汛、电力巡线、海洋环境、高校科研。下面详细介绍 Pix4Dmapper 影像处理过程。

3.4.1 原始资料准备

原始资料包括影像数据、POS 数据以及控制点数据。在制作控制点数据之前,首先,需确认要航拍以及处理的数据处于哪一个坐标系,这样后面进行数据处理时就不会产生意外。其次,确认原始数据的完整性,检查获取的影像中有没有质量不合格的像片。同时,需查看 POS 数据文件,主要检查航带变化处的像片号,防止 POS 数据中的像片号与影像数据中的像片号不对应,出现不对应情况应手动调整。

有些无人机会把 GPS 信息直接写入照片,那么 Pix4Dmapper 会自动把这些信息从照片中提取,而不需要人工干预。另外,Pix4Dmapper 软件并不强调飞行的具体姿态,仅需像片号、经度、纬度、高度即可进行数据处理。对于特定的飞机,Pix4Dmapper 可以直接从其飞行日志中获取所有信息。控制点文件需为 TXT 或 CSV 格式,且文件名称中不能包含特殊字符。

3.4.2 建立工程

打开 Pix4Dmapper,选择"项目"→"新项目"选项(或者直接在界面上选择"新项目"选项),如图 3-86 所示,选择航拍项目,然后输入项目名称,设置路径(项目名称以及项目路径不能包含中文),然后单击"Next"按钮。

单击"添加图像",选择加入的影像。影像路径可以不在工程文件夹中,且不要包含中文,单击"Next"按钮,如图 3-87 所示。

设置图片属性,"图像地理位置"中坐标系的基准面默认是 WGS-84(经纬度)坐标,不需要进行更改。地理定位和方向设置为 POS 数据文件,相机型号通过导入相机文件进行确定,软件通常能够自动识别影像相机型号。确认各项设置后,单击"Next"按钮,如图 3-88 所示。

选择"输出坐标系"选项,设置需要输出数据的坐标系,如果有控制点就需要选择和控制点的坐标系一致。例如,西安 80 坐标系,单击"已知坐标系"并勾选"高级坐标系选项",然后在"已知坐标系"下方单击"从列表…"按钮,就可以选择中国的三大坐标系,分别为北京 54、西安 80 以及中国 2000 坐标系。如果需要使用本地坐标系且有 PRJ 文件,单击"从 PRJ…"按钮,就可以导入自己的 PRJ 坐标系,如图 3-89 所示。

处理选项模板,设置需要处理的项目模板,根据项目、相机的不同,可以选择不同的模板,选择所需模板,然后单击"Finish"按钮来创建项目,如图 3-90 所示。

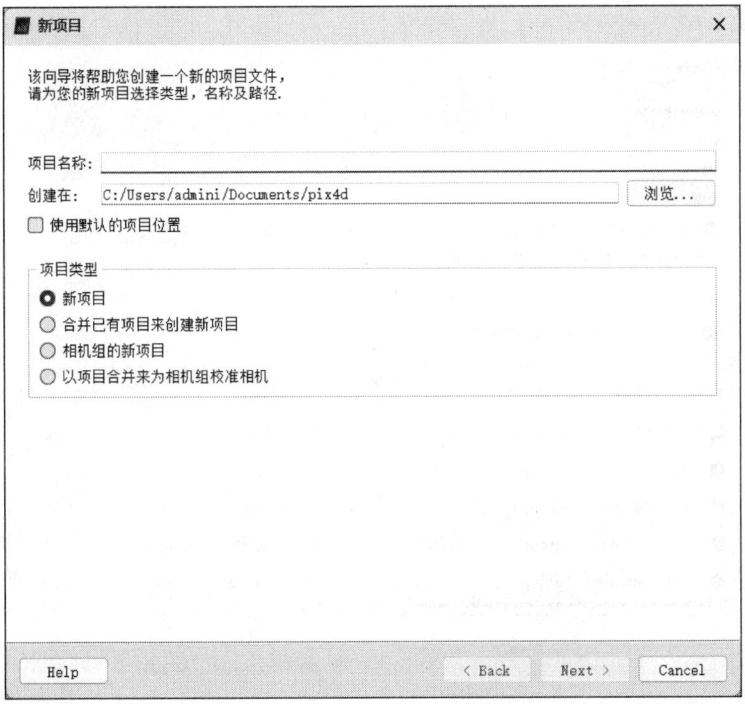

图 3-86　Pix4Dmapper 新建工程

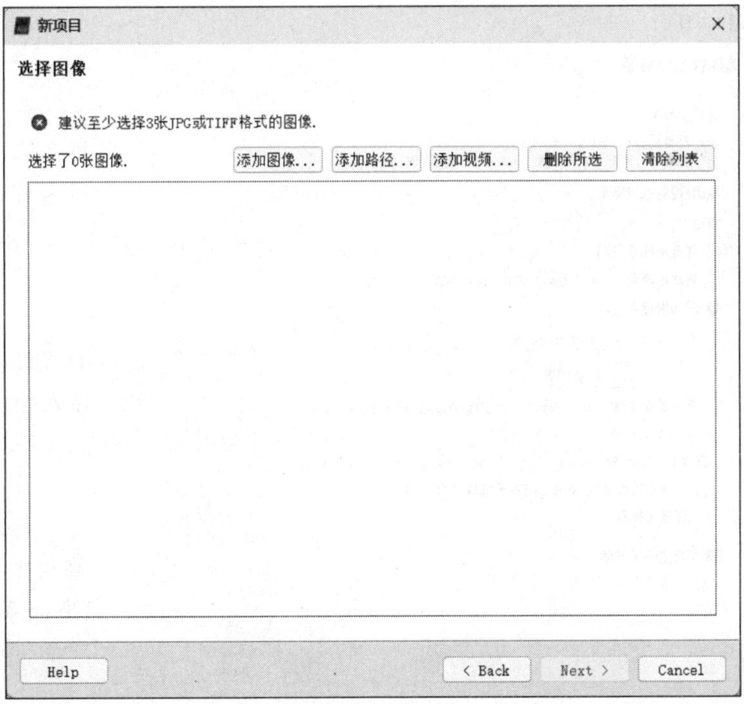

图 3-87　添加图像

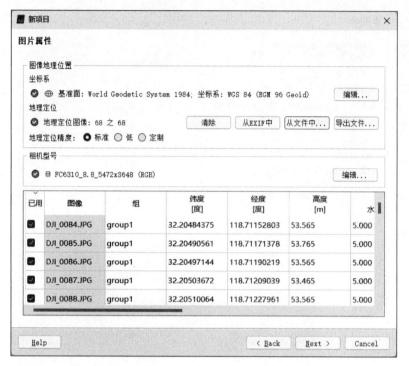

图 3-88 设置图片属性

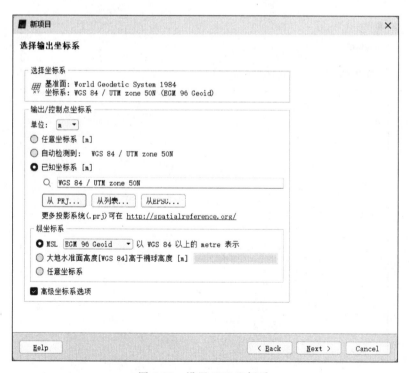

图 3-89 设置 PRJ 坐标系

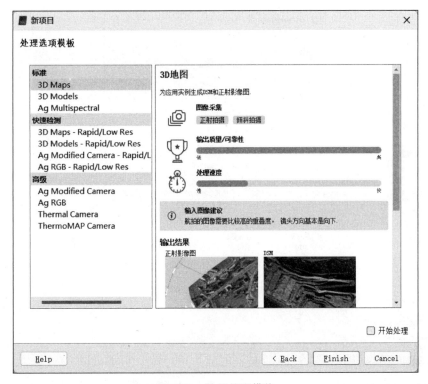

图 3-90　设置处理模块

3.4.3　控制点管理

控制点必须在测区范围内合理分布，通常在测区四周及中间都要有控制点。要完成模型的重建至少要有 3 个控制点。通常 100 张像片要有 6 个控制点，更多的控制点对精度也不会有明显提升（在高程变化大的地方更多的控制点可以提升高程精度）。控制点不要布设在靠近测区边缘的位置，也不能布在一条直线上，而是要分布在不同的平面高程上。另外，控制点最好能够在 5 张影像上同时找到（至少要两张）。

（1）使用平面控制点/手动连接点编辑器加入控制点

这种方法需要在像片上逐个刺出控制点。控制点比较难以找到，一般来说，首先要确定一个控制点的大体位置，然后推断出像片编号，在一张像片上确定控制点位置后，就可以在这张像片的前后左右查看进行刺点。刺出后可以由软件自动完成初步处理、生成点云、生成 DSM 及正射影像。

导入控制点，单击"GCP/MTP 管理"按钮，如图 3-91 所示，出现如图 3-92 所示"GCP/MTP 管理"对话框，单击"导入控制点"按钮，在弹出的对话框中选择要导入的控制点文件，如图 3-93 所示，文件格式可以为 .txt 或 .csv，然后单击"OK"按钮。在 GCP/MTP 管理器中可以看到控制点数据，如图 3-94 所示，控制点标签栏前面都是 0，说明这些控制点还没有刺点，那下一步所要做的就是把这些控制点和图像相关联。

如果具备标记的话，也可以直接导入标记，如图 3-95 所示，在 GCP/MTP 管理器中导入标记，单击"OK"按钮，软件中就可以看到所有和导入控制点相关的图像已经刺出。

图 3-91 选择控制点管理

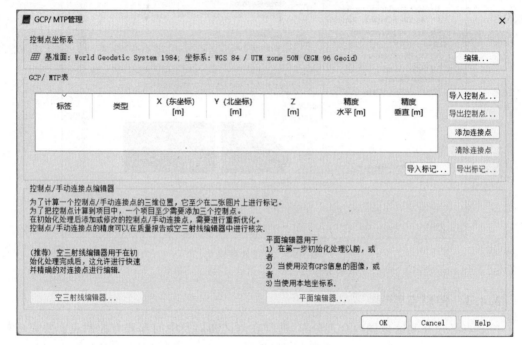

图 3-92 控制点管理界面

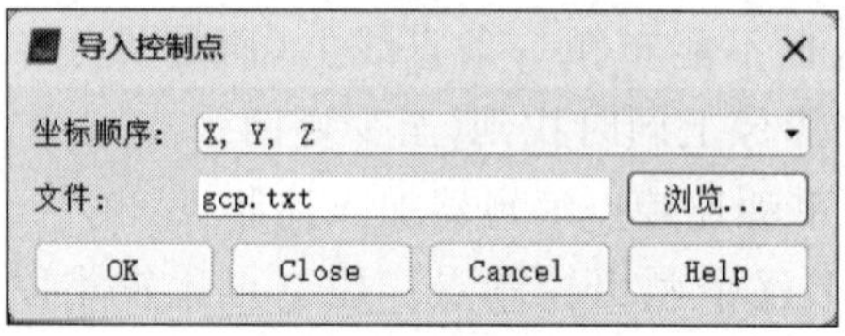

图 3-93 导入控制点界面

如果没有标记文件,并且软件第一步导入控制点已经处理完成,那么再给图片刺点就非常容易,因为在项目的连接点三维显示中可以发现所有导入控制点的位置。单击左侧栏目中的一个控制点,这个控制点所拍摄的照片就会在右侧栏目中很清晰地显示出来,在右侧刺上和这个控制点相关的所有像片,如图 3-96 所示。这种方法是平面控制点编辑器和空中三角测量射线编辑器的组合,添加控制点非常方便。首先要对软件进行初始化处理,然后在空中三角测量射线编辑器中显示控制点,软件会通过 POS 数据预测出所有控制点的位置。

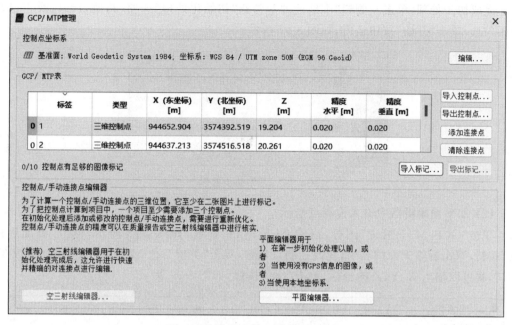

图 3-94　控制点管理中控制点数据

图 3-95　导入标记

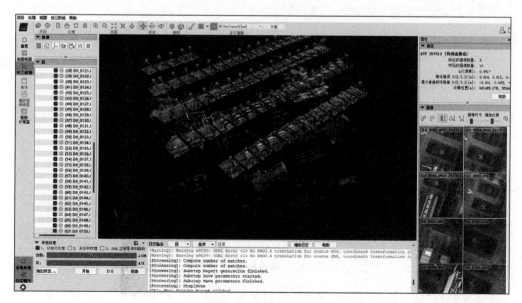

图 3-96　添加控制点

完成初步处理，单击左侧栏"本地处理"，勾选"初始化处理"选项，其他点云以及正射影像不勾选，单击"开始"按钮运行，如图3-97所示。

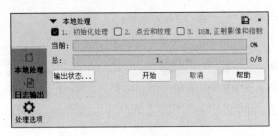

图3-97　开始初步处理

（2）在平面编辑器中输入控制点坐标

单击"GCP/MTP管理"图标，启动GCP/MTP管理，如图3-98所示，单击"添加连接点"按钮，双击标签下面的名字，更改控制点名称，双击"类型"，把Manual Tie Point改成3D GCP，就可以输入X、Y、Z的坐标，单击"OK"按钮，如图3-99所示。

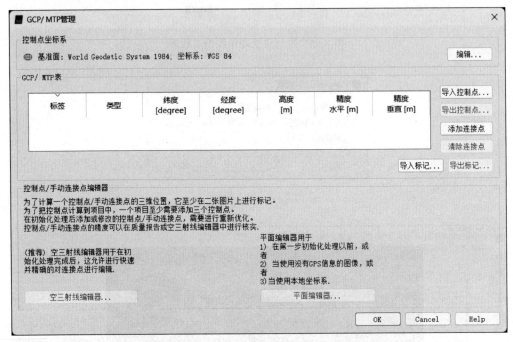

图3-98　进入控制点管理

标签	类型	X（东坐标）[m]	Y（北坐标）[m]	Z [m]	精度 水平[m]	精度 垂直[m]
0 GCP34	三维控制点	2645179.683	1132492.342	714.556	0.020	0.020

图3-99　修改控制点属性

单击左侧栏"空三射线编辑器"按钮，然后单击"连接点"→"控制点/手动连接点"→"控制点名称"(刚刚添加的)选项,在空中三角测量射线编辑器里面可以清晰地看到控制点的位置,并且所有的控制点投影图像也已经在右侧栏显示,然后在右侧图像上刺点。

在每张像片上单击图像,标出控制点的准确位置(至少标出两张)。这时控制点的标记会变成一个黄色的框中间有黄色的叉,表示这个控制点已经被标记(标记了两张像片后,这个标记中间多了一个绿色的叉,则表示这个控制点已经重新参与计算,重新得到位置)。

检查其他影像上的绿色标志,逐个进行标记,然后单击"使用"按钮,单击两张图片以后,也可以单击"自动标记"按钮,软件会自动标记上所有可能对应的像片。但是需要进行检查,如果标记位置与控制点位置能够对应,那么这个控制点就不需要再标注;如果所标记位置与控制点位置相差比较远,那么就需要重新单击来纠正,否则会影响项目的精度。如果是倾斜摄影,最好不要使用自动标记的功能。如果单击的时候点错了像片,或者自动标记了不对应的像片,只需要把鼠标移动到相对应的像片上,按 Del 键,这张像片上的单击点就会被删除。

对其他的控制点分别进行上面的操作。当所有的点都标记完成后,单击"运行"菜单栏,选择 Reoptimize(重新优化)菜单项,把新加入的控制点加入重建,重新生成结果。

(3) 设置地面控制点坐标系

一般来说,地面控制点坐标系在创建新项目的时候就已设置好,如果没有,也可以重新或者再次设置。单击"GCP/MTP 管理"图标,在出现的 GCP/MTP 管理对话框中,在最上侧控制点坐标系一栏中单击"编辑",出现如图 3-100 所示的对话框,选择坐标系统的输入方式,设置好地面控制点坐标系后单击"OK"按钮。

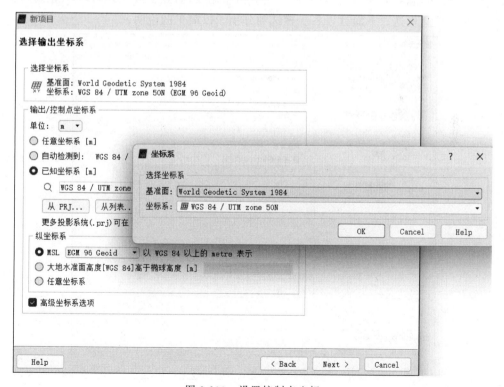

图 3-100　设置控制点坐标

3.4.4 全自动处理

当项目创建完成,控制点信息已经全部加入(如有的话),坐标系已经确定后,整个项目就可以进行快速的全自动处理,单击左侧栏"本地处理"选项,系统出现如图3-101所示对话框。

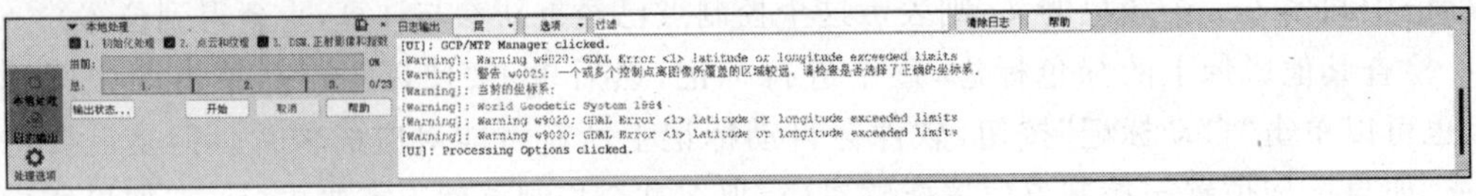

图 3-101　本地处理界面

在前面添加控制点过程中,如果初始化处理已经运行了,那么这一步就不需要再次运行了,根据需要选择所要运行的步骤,单击"开始"按钮运行。如果初始化处理没有运行过,那么就需要把1、2、3每个步骤都勾选,然后单击"开始"按钮。一般建议先处理第1步,初始化处理,然后检查项目质量报告。如果质量报告中各项参数都能够满足项目的需求,就可以继续做第2步、第3步。如果质量报告中某些参数没有达到标准,就需要对项目的某些参数进行调整,再次进行初始化处理,或者进行重新优化,之后再次检查质量报告,只有在质量报告条件满足的前提下才能继续往下处理。

在启动Pix4Dmapper全自动处理功能前,应该对其处理内容和处理参数进行设置,设置方法是,选择左侧栏的"处理选项"选项,就会弹出"处理选项"对话框,如图3-102所示。在这个对话框中,总共分为四大类,分别对应了初始化处理,点云和纹理,DSM、正射影像和指数,资源及信息发送。下面就以各步骤选项分别予以简单的说明。

图 3-102　处理选项对话框

1. 初始化处理选项设置

初始化处理主要分为三个选项：常规、匹配、校准。

1）常规设置如图 3-103 所示，主要是选择图像比例，全面高精度处理及快速检测这里就不再重复阐述。定制设置中，选择 1/2、1/4、1/8 的图像比例，整个项目的精度将会递减。也就是说，选择 1/2 的图像比例可能会稍微降低项目精度，选择 1/8 的图像比例，项目精度将会降低更多。

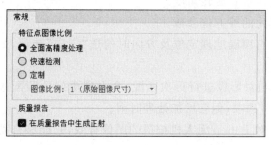

图 3-103　初始化处理选项常规设置

2）匹配设置主要分为匹配对图像和匹配策略。如果无人机是以 90°镜头朝下的飞行路线进行航拍，选择航拍网格或走廊型航线；如果无人机是以 45°左右的角度进行航拍，有固定的航线，如绕兴趣点飞行、上下移动等，选择自由飞行或者倾斜拍摄。

定制选项内容较为丰富，各选项定义如下。

(1) 使用时间：匹配的时候将会考虑图像所拍摄的时间戳，它允许用户设置多少图像（在拍摄时间之前和之后）被用于一起匹配。

(2) 利用图像地理信息三角测量：此选项仅适合用于带有地理位置信息的图像，主要是利用图像的位置构成三角，然后每个图像可以与由一个三角形构成的图像进行匹配。

(3) 使用距离：此选项仅适用于带有地理位置信息的图像，每个图像可以与一个相对距离内的图像进行匹配。连续图像间的相对距离：例如，设置相对距离为 5，而连续图像之间的平均距离为 2m，那么软件就会计算出 5×2m＝10m 的一个半径球体，并自动设置一个中心图像，然后与在这个半径为 10m 的球体内的所有图像进行匹配。

(4) 使用相似度：匹配具有最相似内容的 n 个图像。

(5) 使用 MTPs：通过共享手动连接点连接的图像将被匹配。

(6) 为多相机使用时间：主要用于不同相机对同一区域多个架次的图像进行匹配，它使用其中一个架次的图像时间，然后与其他架次的图像进行计算匹配。

(7) 匹配策略：使用几何验证匹配，处理速度会比较慢，但是结果会更加精确。如果不选几何验证匹配的话，仅依靠图像的内容来进行匹配；如果勾选几何验证匹配，几何信息建立了特征点之间的位置信息。此选项适合农场的耕地、带有玻璃的外墙等项目的匹配。

3）校准设置主要包含特征点数量、校准、预处理和导出。

特征点数量：分为自动的和定制的特征点的数量。

校准：默认是标准，此步骤是一个进行自动空中三角测量、光束法区域网平差以及相机自检校计算的过程，软件会自动进行相机的多次校准，直到得出一个满意的重建结果为止。主要包含相机优化和再次匹配。

（1）相机优化：包括内方位参数优化、外方位参数优化。

① 内方位参数优化。

全部：优化所有的内方位参数，用于畸变较大的相机。

最重要的：优化最重要的内方位参数。

无：不优化任何内方位参数。

② 外方位参数优化。

全部：优化相机的位置及旋转角度。

无：不使用任何优化的外方位参数。

方向：在校准部分有精确地理定位及方向时勾选"方向"选项，如没有精确地理位置时勾选"角方向"选项。

（2）再次匹配：选项对影像进行再次匹配，会得到更好的匹配效果。在测区内有大量植被、森林时建议使用该选项，但会增加处理时间。

预处理：此选项仅对 Bebop 无人机拍摄的图像有效，它能够自动去除 Bebop 所拍摄到的天空部分。

导出：可以选择需要导出的各种参数。

2. 点云和纹理选项设置

1）点云设置如图 3-104 所示，主要包含点云加密和导出。

点云加密图像比例：可选项有 1/2、1/4、1/8、图像原始尺寸等，可根据处理要求指定。

导出：可以选择需要导出的点云格式。勾选"合并瓦片到一个文件"可以把所有的分块点云合并成一个整体的点云文件。

2）三维网格纹理设置如图 3-105 所示，主要包含生成、配置和导出。

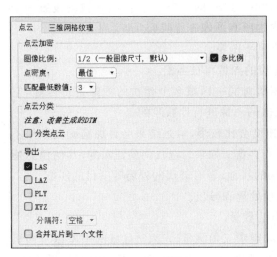

图 3-104　点云设置

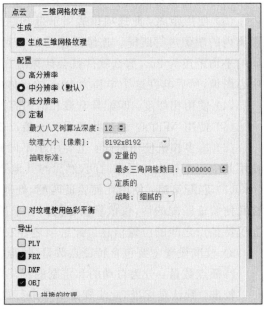

图 3-105　三维网格纹理设置

生成：勾选才会生成三维网格纹理模型。

配置：默认生成像素为 8192×8192 纹理大小的三角网格，如果项目需要一个较高精度的三维模型，那么可以选择高分辨率的选项，同时勾选"对纹理使用色彩平衡"选项，这样可以保证纹理的色彩比较统一。

导出：可以选择需要导出的模型格式。

3. DSM、正射影像和指数选项设置

DSM、正射影像和指数的选项主要分为三类：DSM 和正射影像图、附加输出、指数计算器。

（1）DSM 和正射影像图设置如图 3-106 所示，主要包含分辨率、DSM 过滤、栅格数字表面模型（DSM）、正射影像图。

分辨率："自动的"选项，默认值为 1，软件自动生成以地面分辨率为倍数的 DSM 和正射影像图；"定制"选项，用户可以自定义相对应的地面分辨率的正射影像图。

DSM 过滤：可选"使用噪波过滤""使用平滑表面"算法进行处理，平滑表面的程度可设定类型为尖锐、平滑、中等。

栅格数字表面模型：可选生成方法"距离倒数加权法"和"Delaunay 三角网"。

正射影像图：是否生成正射影像图及相关参数。

（2）附加输出设置如图 3-107 所示，主要包含方格数字表面模型、格网、格网分辨率和等高线。

图 3-106　DSM 和正射影像图设置　　　　图 3-107　附加输出设置

方格数字表面模型：可指定 DSM 格式和间距。

等高线：可选择输出格式和相关参数。

（3）指数计算器设置，主要包含辐射信息相关的一些参数指定，通常不需要处理，这里不再介绍。

3.4.5 质量分析

1. 质量检查

Pix4Dmapper 的质量检查主要包含五部分，分别是 Images、Dataset、Camera Optimization、Matching 和 Georeferencing，如图 3-108 所示。

Quality Check

Images	median of 48664 keypoints per image	✔
Dataset	68 out of 68 images calibrated (100%), all images enabled	✔
Camera Optimization	0.34% relative difference between initial and optimized internal camera parameters	✔
Matching	median of 13417.3 matches per calibrated image	✔
Georeferencing	no, no 3D GCP	⚠

图 3-108 Pix4Dmapper 质量检查

Images（图像）：在图像上能够提取的特征点的数量，如果图像比例＞1/4，每张图像上提取的特征点数量应是 10 000 个以上；如果图像比例≤1/4，每张图像上提取的特征点数量应是 1000 个以上。

Dataset（数据集）：主要是显示在一个 block 中能够进行模型重建的图像数量。如果显示有几个 block，那么可能是飞行时像片间的重叠度不够或者像片质量太差。一般来说，在一个 block 中，需要校准的图像数量要大于 95%。

Camera Optimization（相机参数优化）：最初的相机焦距以及像主点与计算得到的相机焦距和像主点误差不能超过 5%，如果显示有超过 5%的误差，那么就需要到相机设置对话框中加载优化过的参数，在项目文件中尽量多加一些手动连接点，然后重新开始初始化处理，一直到在质量报告中显示通过。

Matching（匹配）：校准图像匹配的中位数。如果图像比例＞1/4，每校准图像上计算出的匹配数应该是 1000 以上；如果图像比例≤1/4，每校准图像上计算出的匹配数应该是 100 以上。

Georeferencing（地理定位）：此项主要用于检查控制点的误差，首先确认项目使用了控制点，然后保证控制点的误差小于 2 倍的平均地面分辨率。如果没有布控制点，那么也会显示黄色警告，这可以忽略不计。

2. 平差报告

Pix4Dmapper 的平差报告如图 3-109 所示，包含 Mean Reprojection Error（平均重投影误差，以像素为单位）、像点观测数、连接点数等。

Bundle Block Adjustment Details

Number of 2D Keypoint Observations for Bundle Block Adjustment	939915
Number of 3D Points for Bundle Block Adjustment	342907
Mean Reprojection Error [pixels]	0.173

图 3-109 Pix4Dmapper 的平差报告

Pix4Dmapper 的相机检校参数如图 3-110 所示，分别包含焦距（Focal Length）、像主点（Principal Point）的 x、y 坐标，畸变参数（R_1、R_2、R_3、T_1、T_2）的初始值和优化值以及精度结果。

Internal Camera Parameters

FC6310_8.8_5472x3648 (RGB). Sensor Dimensions: 12.833 [mm] x 8.556 [mm]

EXIF ID: FC6310S_8.8_5472x3648

	Focal Length	Principal Point x	Principal Point y	R1	R2	R3	T1	T2
Initial Values	3668.759 [pixel] 8.604 [mm]	2736.001 [pixel] 6.417 [mm]	1823.999 [pixel] 4.278 [mm]	0.003	-0.008	0.008	-0.000	0.000
Optimized Values	3656.200 [pixel] 8.575 [mm]	2728.572 [pixel] 6.399 [mm]	1825.548 [pixel] 4.281 [mm]	-0.002	-0.010	0.009	-0.000	-0.000
Uncertainties (Sigma)	3.254 [pixel] 0.008 [mm]	0.098 [pixel] 0.000 [mm]	0.094 [pixel] 0.000 [mm]	0.000	0.000	0.000	0.000	0.000

图 3-110 Pix4Dmapper 的相机检校参数

Pix4Dmapper 的控制点误差如图 3-111 所示，包含有各点的残差、中误差等。

Geolocation Details

Absolute Geolocation Variance

Min Error [m]	Max Error [m]	Geolocation Error X [%]	Geolocation Error Y [%]	Geolocation Error Z [%]
-	-15.00	0.00	0.00	0.00
-15.00	-12.00	0.00	0.00	0.00
-12.00	-9.00	0.00	0.00	0.00
-9.00	-6.00	0.00	0.00	0.00
-6.00	-3.00	0.00	0.00	0.00
-3.00	0.00	42.65	54.41	45.59
0.00	3.00	57.35	45.59	54.41
3.00	6.00	0.00	0.00	0.00
6.00	9.00	0.00	0.00	0.00

图 3-111 Pix4Dmapper 的控制点误差

3.5 无人机影像处理软件 ContextCapture

Bentley 公司的 ContextCapture 是全球应用最广泛的基于数码照片生成全三维模型的软件解决方案。其前身是由法国 Acute3D 公司开发的 Smart3DCapture 软件，Bentley 公司已于 2015 年全资收购 Acute3D 公司，并将其软件产品更名为 ContextCapture。ContextCapture 的特点是能够基于数字影像照片全自动生成高分辨率真三维模型。照片可以来自数码相机、手机、无人机载相机或航空倾斜摄影仪等各种设备。适应的建模对象尺寸从近景对象到中小型场所，再到街道甚至整个城市。目前 ContextCapture 软件已在全球多家工业及科研单位得到了广泛应用。

ContextCapture 软件具有以下特点。

(1) 快速、简单、全自动。

ContextCapture 软件无须人工干预就能从简单连续影像中生成逼真的实景三维场景

模型。该软件无须依赖昂贵且低效率的激光点云扫描系统或 POS 定位系统,仅仅依靠简单连续的二维影像,就能还原出真实的实景真三维模型。

(2) 身临其境的实景真三维模型。

ContextCapture 软件不同于传统技术,后者通常依靠高程生成缺少侧面等结构的 2.5 维模型,而 ContextCapture(Smart3D)能够基于真实影像进行运算,生成超高密度的点云,并以此创建高分辨率的实景真三维模型。该模型在原始影像分辨率下,对真实场景的全要素级别进行了还原,达到了无限接近真实的机制。

(3) 广泛的数据兼容性。

ContextCapture 软件能接受各种硬件采集的原始数据,包括大型固定翼飞机、载人直升机、大中小型无人机、街景车、手持数码相机甚至手机,并直接把这些数据还原成连续真实的三维模型。无论是大型海量城市级数据,还是考古级精细到毫米的模型,该软件都能轻松还原出接近真实的模型。

(4) 优化的数据格式输出。

ContextCapture 软件能够输出包括 obj、osg(osgb)、dae 等通用兼容格式,这些格式能够方便地导入各种主流 GIS 应用平台。此外,它还能生成超过 20 级金字塔级别的模型精度等级,从而能够流畅应对本地访问或是基于互联网的远程访问浏览。

ContextCapture 软件可以用于城乡规划、地下市政管线相结合、施工模拟、数字展馆等方面。在城乡规划方面,通过无人机和实景三维建模技术,生成面向城乡规划行业的实景三维模型,主要应用于城乡规划的现状调查分析、规划方案对比、辅助审批监管等方面。提供天际线分析、敏感点分析、视域分析、工程建设监管等多项定性和定量分析,将城乡规划行业技术手段从二维升级到三维,为城乡规划从业者们做出最终决定提供科学有效的帮助,提高了规划设计的科学性和管理效率,具有广泛的应用前景。在地下市政管线相结合方面,通过实景模型与地下市政管线的结合,可以很直观地表达出地下与地上的位置关系,更好地用于指导设计和施工。

ContextCapture 软件主要模块:Setting(设置)、Master(主控制台)、Engine(引擎)、Viewer(浏览)等,如图 3-112 所示。

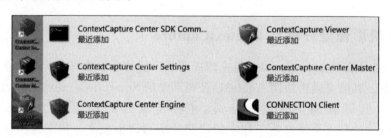

图 3-112 ContextCapture 软件模块组成

(1) Setting:一个中间媒介,它主要是帮助 Engine 指向任务的路径。

(2) Master:一个非常好的人机交互界面,相当于一个管理者,可以创建任务、管理任务、监视任务的进度等,具体功能包括导入数据集、定义处理过程设置、提交作业任务、监控作业任务进度、浏览处理结果。

Master 不执行处理任务,而是将任务分解成基本的作业并将其提交到作业队列,包含工程、区块、重建和生产。

工程（project）：一个工程管理着所有与它对应场景相关的处理数据，包含一个或多个区块作为子项。

区块（block）：一个区块管理着一系列用于一个或多个三维重建的输入图像及其属性信息，这些信息包括传感器尺寸、焦距、主点、透镜畸变以及位置与旋转等姿态信息。

重建（reconstruction）：一个重建管理用于启动一个或多个场景制作的三维重建框架。

生产（production）：一个生产管理三维模型的生成，还包括错误反馈、进度报告、模型导入等功能。

（3）Engine：负责对所指向的Job Queue中的任务进行处理，可以独立于Master打开或者关闭。

（4）Viewer：可预览生成的三维场景和模型。

3.5.1 新建工程

ContextCaputure Master 运行后首先弹出的就是新建或打开工程界面，如图 3-113 所示。

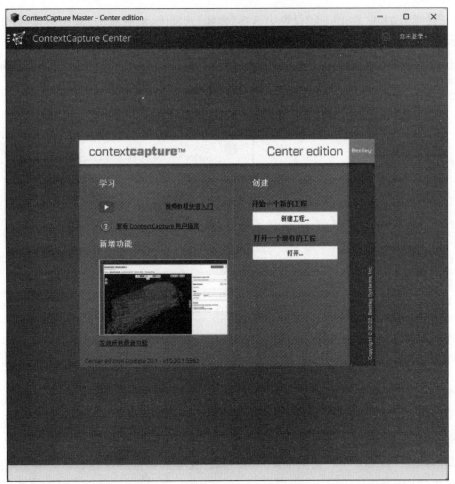

图 3-113　ContextCapture 开始界面

选择"新建工程"选项,依次填入工程名称、工程目录后单击"确定"按钮,如图 3-114 所示。

图 3-114　ContextCapture 新建工程

在新建项目的"区块-Block"设置中选择"影像"选项卡,然后单击"添加影像"按钮,添加要建模的照片,如图 3-115 所示。

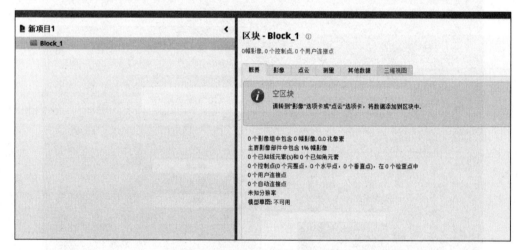

图 3-115　添加影像

选择完影像后,界面中会列出添加成功的影像,如图 3-116 所示。

单击"检查影像文件"按钮,对影像文件进行检查,如图 3-117 和图 3-118 所示。

3.5.2　设置控制点

在"区块-Block"设置中选择"测量"选项卡,单击"添加"按钮,添加控制点,如图 3-119 所示。选择控制点,如图 3-120 所示。

单击右侧的"提交空中三角测量计算"按钮,提交导入影像后进行后续空中三角测量计算,如图 3-121 所示。

第3章 摄影测量综合实习基础 | 101

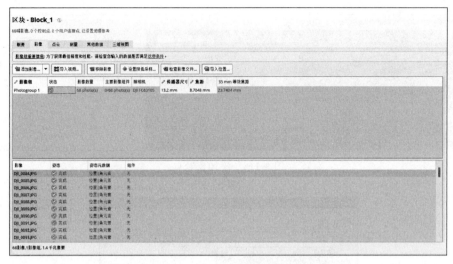

图 3-116　列出添加成功的影像

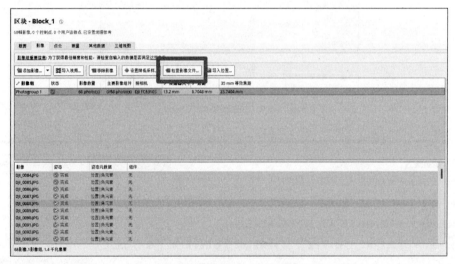

图 3-117　选择检查影像文件

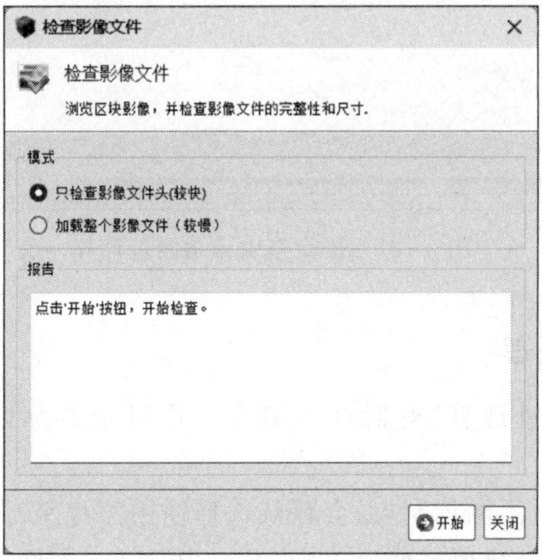

图 3-118　开始检查影像

图 3-119 添加控制点

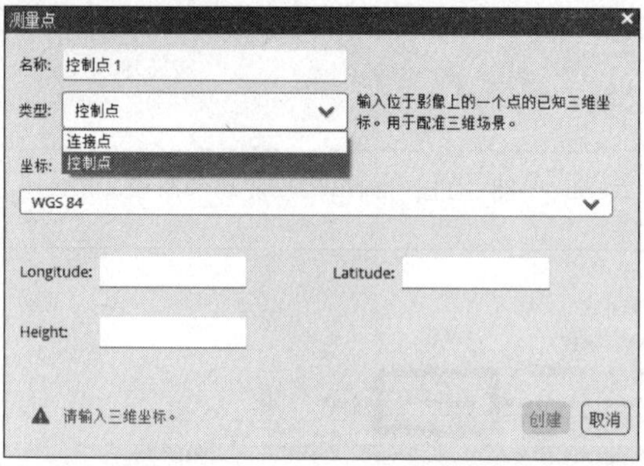

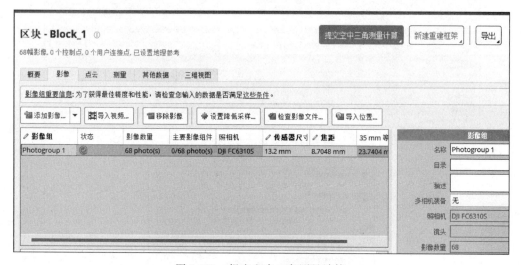

图 3-120 选择添加控制点

图 3-121 提交空中三角测量计算

3.5.3 开启自动处理

在"定义空中三角测量计算"对话框中填写工作目录名称后,单击"下一步"按钮,如图 3-122 所示。

在这一步中,如果没有添加控制点,会默认选择使用照片坐标(红色);如果添加了控制点,则选择使用控制点坐标(绿色),然后单击"下一步"按钮,如图 3-123 所示。

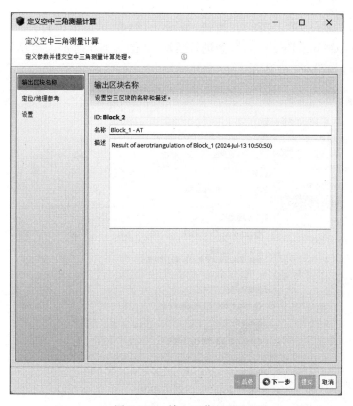

图 3-122　填入工作目录

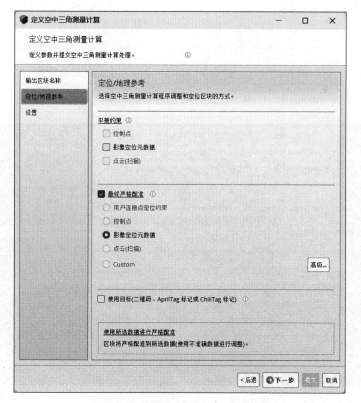

图 3-123　选择使用 GPS 还是控制点坐标

各个选项保持默认,单击"提交"按钮,如图 3-124 所示。单击打开桌面上的橙色图标(ContextCapture Center Engine),开始进行运算,如图 3-125 所示。运算器启动后,主界面会显示处理进度,如图 3-126 所示。

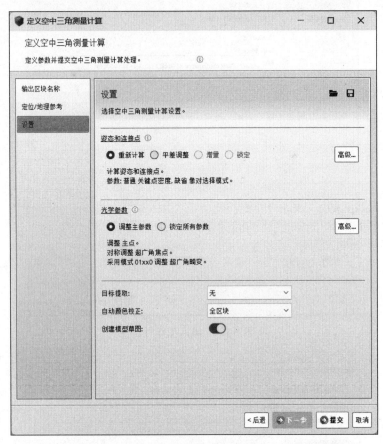

图 3-124　提交工程开始处理

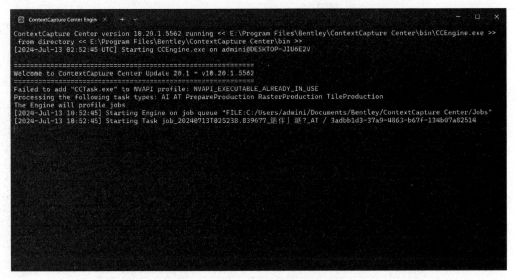

图 3-125　ContextCapture 的运算器

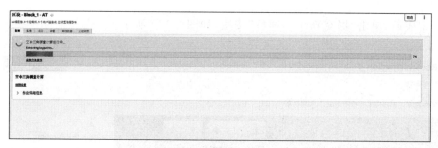

图 3-126　处理进度显示

3.5.4　Mesh 产品生产

待空中三角测量运算完成之后,单击右上方"新建重建框架"按钮,开始生产产品,如图 3-127 所示。

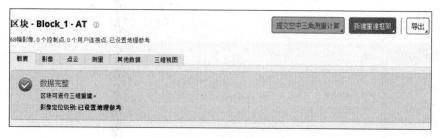

图 3-127　新建重建框架

在"重建-reconstruction"菜单下选择"空间框架"选项卡,如图 3-128 所示,根据实际需要修改生成区域大小。

图 3-128　重建空间框架设计

设置完成后,单击"提交新生产项目"按钮,如图 3-129 所示。

图 3-129　提交新的生产项目

在弹出的"生产项目定义"对话框中填写模型名称,单击"下一步"按钮,如图 3-130 所示。然后选择默认的"导出三维网格",单击"下一步"按钮,如图 3-131 所示。

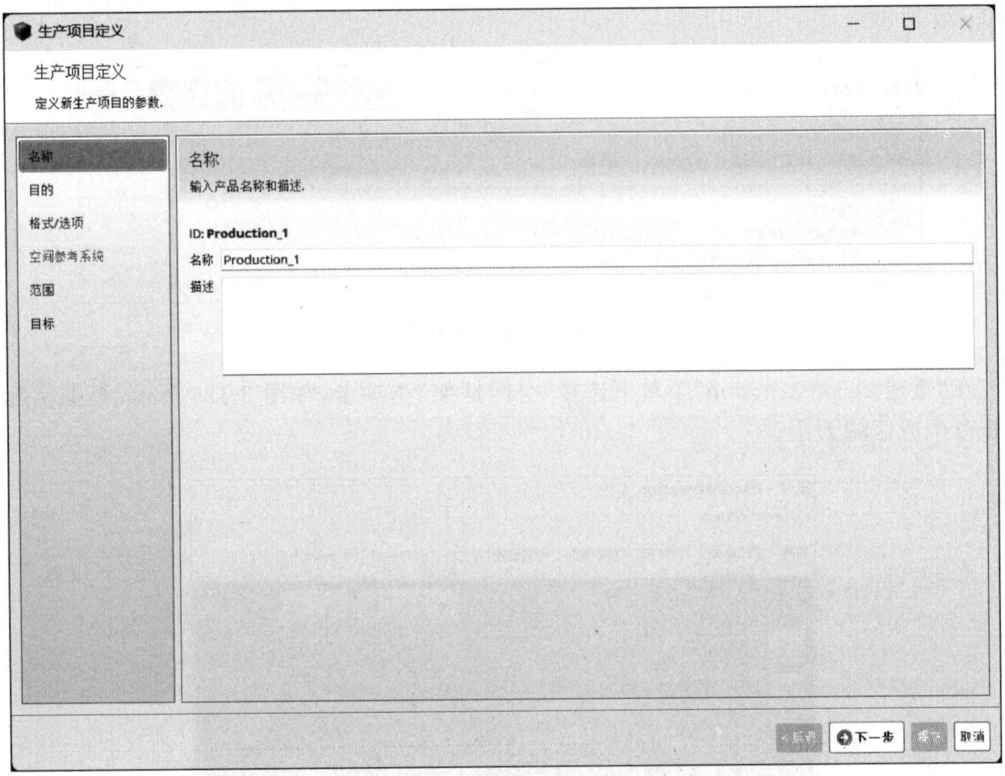

图 3-130　生产项目定义

选择输出的模型格式,其他保持默认,单击"下一步"按钮,如图 3-132 所示。选择模型所使用的坐标系,然后单击"下一步"按钮,如图 3-133 所示。勾选要进行建模的瓦片后(默认全选),单击"下一步"按钮,如图 3-134 所示。选择模型的输出目录后单击"提交"按钮,进行三维建模工作,如图 3-135 所示。在左侧目录结构中选择最后一个目录,生成项目如图 3-136 所示。至此,所有的操作已经完成,耐心等待模型建立完成即可。

图 3-131　导出三维网格

图 3-132　指定模型格式

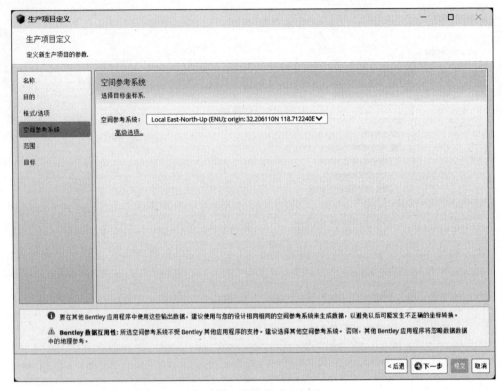

图 3-133　指定模型坐标系

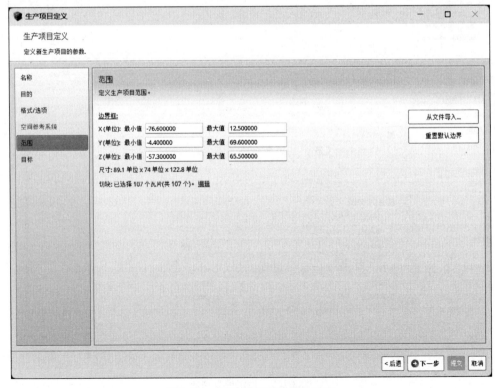

图 3-134　选择要进行建模的范围

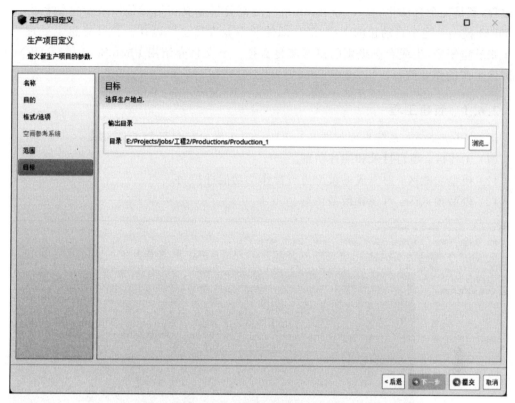

图 3-135　选择模型的输出目录

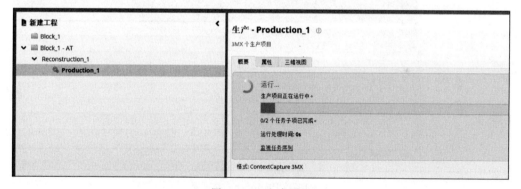

图 3-136　生成项目

3.6　无人机影像处理软件 PhotoScan

PhotoScan 是俄罗斯公司 Agisoft 开发的一款基于影像自动生成高质量三维模型的优秀软件,这对于 3D 建模需求来说实在是一把利器。PhotoScan 无须设置初始值,无须相机检校,无需控制点,它根据最新的多视图三维重建技术,可对任意照片进行处理,而通过控制点则可以生成真实坐标的三维模型。照片的拍摄位置是任意的,无论是航摄照片还是高分辨率数码相机拍摄的影像都可以使用。整个工作流程,无论是影像定向还是三维模型重建过程,都是完全自动化的。PhotoScan 可生成高分辨率真正射影像以及带精细色彩纹理的 DEM 模型。完全自动化的工作流程,即使非专业人员也可以在一台计算机上处理成百上千张航空影像,生成专业级别的摄影测量数据。下文将介绍用 PhotoScan 进行 DEM 正射影像生产的作业流程。

3.6.1 新建工程

运行 PhotoScan,系统界面如图 3-137 所示。主界面包含三个主要区域。
(1) 工作区:项目目录和照片明细。
(2) 模型功能区:对生成的模型进行操作的功能性控制。
(3) 模型预览区:可视化模型预览。

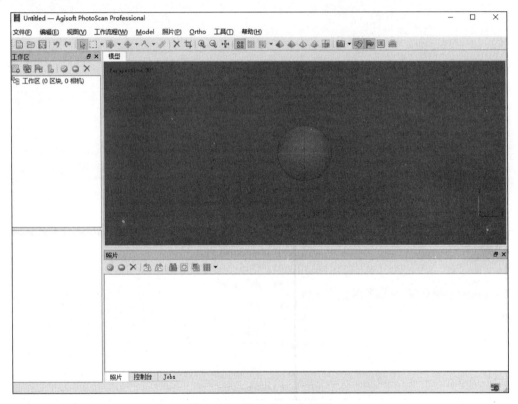

图 3-137 PhotoScan 主界面

1. Preferences 性能选项

在"工具"菜单下,选择"偏好设置",如图 3-138 所示。系统弹出偏好配置项,为软件系统设置硬件环境,偏好配置项包含 6 个页面,分别为一般、GPU、网络、Appearance(外观)、导航、高级。

(1) 一般选项,如图 3-139 所示,可在设置中选择界面使用语言,如 Chinese。也可设置立体显示,如模式、视差等。
(2) GPU 选项,如图 3-140 所示,可在设置中选择使用的 GPU 设备。

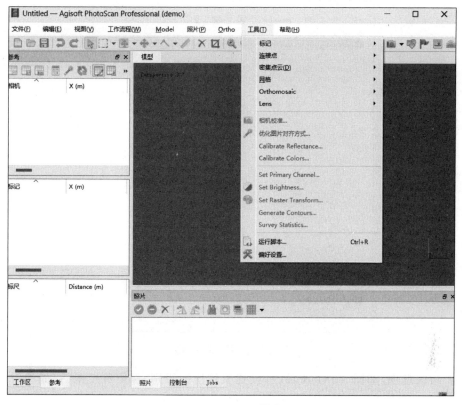

图 3-138 选项菜单

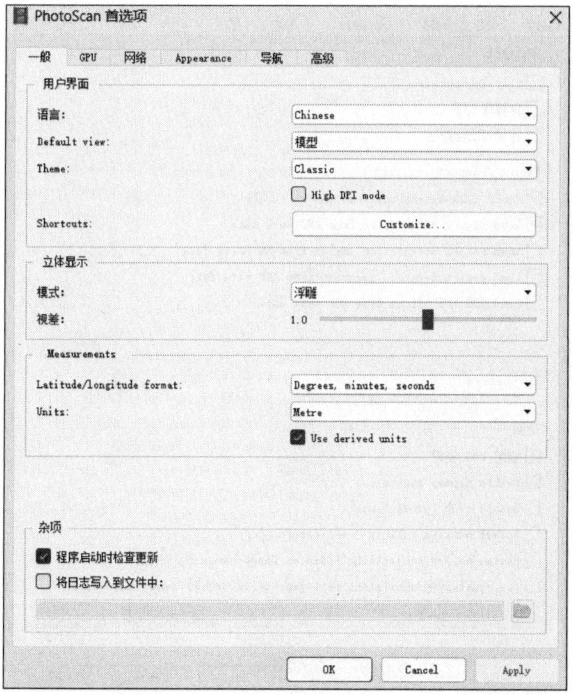

图 3-139 一般选项设置

图 3-140　GPU 选项设置

（3）高级选项，如图 3-141 所示，可设置项目压缩级别、保留深度图、存储绝对图像路径等。

图 3-141　高级选项设置

（4）网络选项，如图 3-142 所示，可设置与网络并行运算的相关参数等。

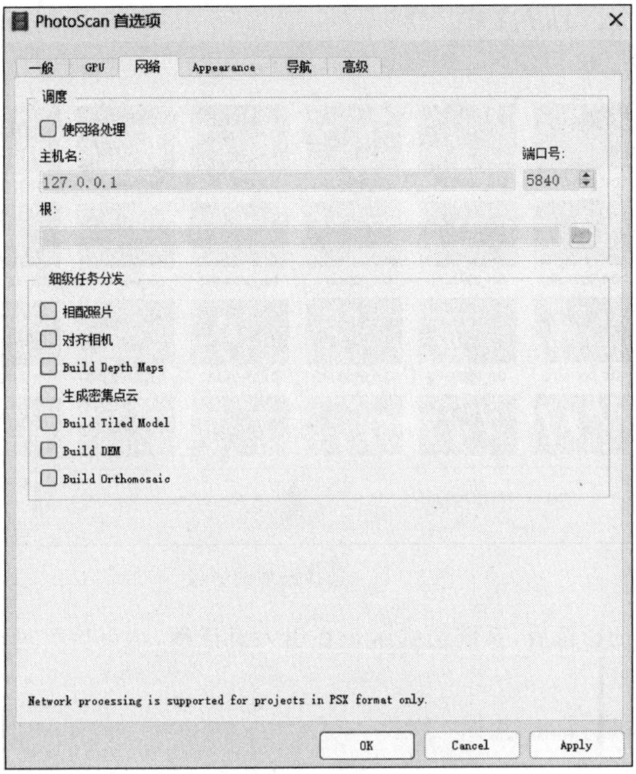

图 3-142　网络选项设置

2．添加照片

在主界面的"工作流程"菜单中选择"添加照片"，如图 3-143 所示。系统弹出对话框，根据要求选择添加的影像，如图 3-144 所示。

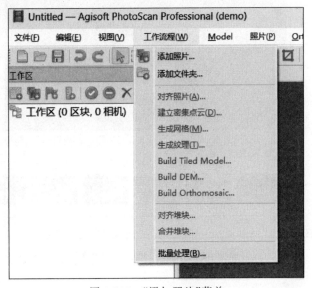

图 3-143　"添加照片"菜单

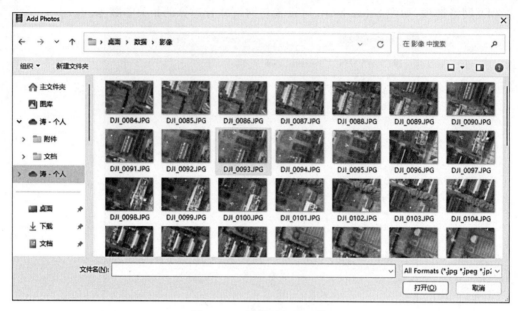

图 3-144 选择添加的影像

选择希望添加的影像后，系统会提示正在引入对话框，结束后可见到如图 3-145 所示界面。

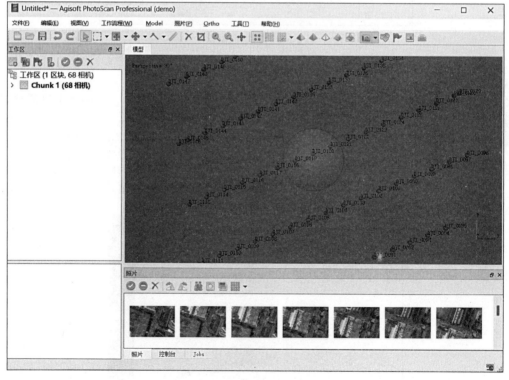

图 3-145 成功添加影像的结果

3. 指定 POS/GPS 参数

如果影像中已经包含了 GPS 信息,或者数据中没有 GPS 信息,可跳过指定 POS/GPS 参数。如果界面中参考标签没有显示,只需在视图菜单中选择窗口下的"参考"选项即可,如图 3-146 所示。在主界面左下方,选择"参考"选项,可得到如图 3-147 所示操作界面。

图 3-146　打开参考面板的菜单

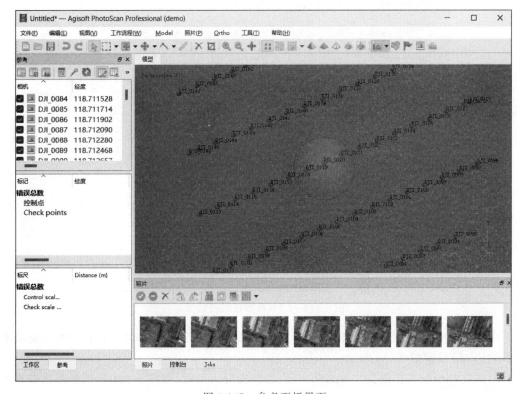

图 3-147　参考面板界面

参考栏上方是"处理"按钮,最左边第一个就是导入,选择"导入参考"后,可得到如图3-148所示界面,按要求导入GPS文件。

图3-148　选择导入GPS文件

选择GPS文件后,系统弹出如图3-149所示的GPS参数指定对话框。

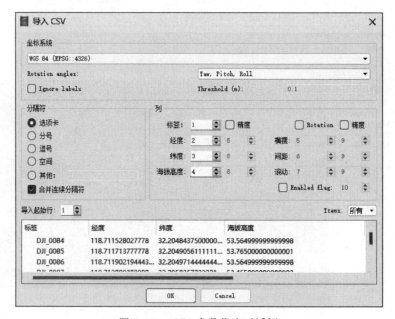

图3-149　GPS参数指定对话框

在对话框中,正确指定各数据字段以及坐标系统定义等,单击"OK"按钮即可完成指定POS/GPS,结果如图3-150所示。

GPS文件中标签必须与文件名称一致,否则会导入失败,如图3-151所示就是比较理想的GPS文件格式和内容。

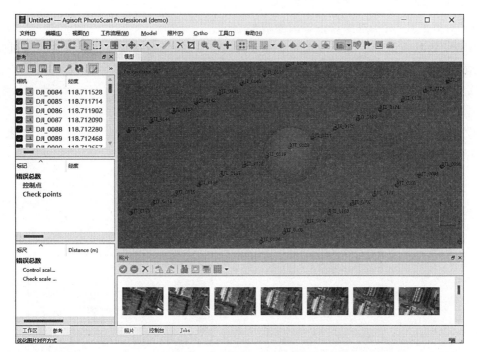

图 3-150 成功导入 GPS 结果

pos.txt

文件 编辑 查看

DJI_0084	118.711528027778	32.204843750000002	53.564999999999998	0	0	0
DJI_0085	118.711713777778	32.204905611111101	53.765000000000001	0	0	0
DJI_0086	118.71190219444399	32.204971444444404	53.564999999999998	0	0	0
DJI_0087	118.712090388889	32.205036722222196	53.465000000000003	0	0	0
DJI_0088	118.712279611111	32.205100638888901	53.564999999999998	0	0	0
DJI_0089	118.712467722222	32.205165749999999	53.465000000000003	0	0	0
DJI_0090	118.71265705555599	32.205230055555603	53.465000000000003	0	0	0
DJI_0091	118.71284483333299	32.205295472222197	53.465000000000003	0	0	0

行 10，列 67 5,120 个字符 100% Windows (CRLF) UTF-8

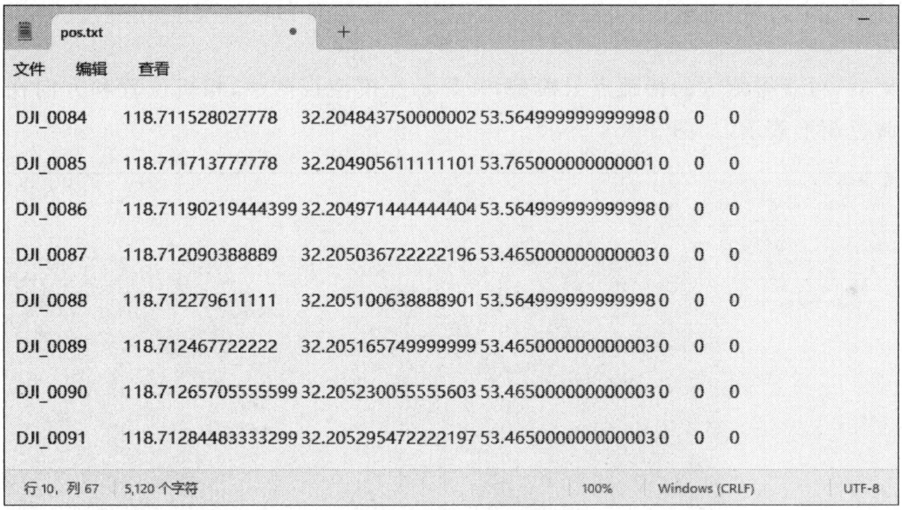

图 3-151 GPS 文件格式

3.6.2 空中三角测量定向

1. 匹配连接点

在 PhotoScan 系统中最早把自由网空中三角测量称为“对齐照片”(Align Photos)，因此在菜单中选择“对齐照片”选项即开始进行处理，处理过程主要包括：连接点匹配、平差等。在这个阶段，先用 PhotoScan 进行重叠图像之间的匹配，然后估计每张照片的相机位置并构建稀疏点云模型。从工作流程菜单中选择“对齐照片”命令，界面如图 3-152 所示。

在"对齐照片"对话框中可设置的参数如下。

精度：连接点的相似度。较低的准确度，可用于在较短的时间内获取粗略的相机位置。为了结果可靠，一般选择"高"。

关键点限制：每张影像提取的特征点，建议填 10 000 以上。

连接点限制：每张影像匹配连接点，建议填 1000。

设置好参数，单击"OK"按钮，开始全自动提取连接点和自由网平差处理，系统提示如图 3-153 所示"处理进度…"对话框。

图 3-152　匹配连接点设置

图 3-153　匹配连接点进度

结束后，可获得测区的稀疏点云模型，并显示在模型视图中，相机位置和方向在视图窗口中用蓝色矩形表示，如图 3-154 所示。

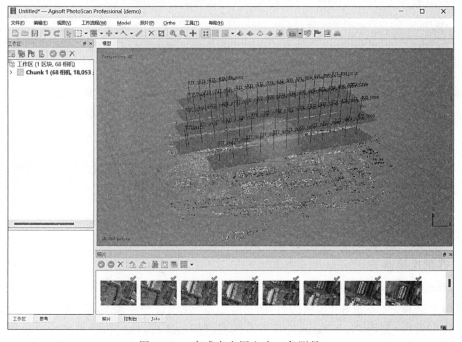

图 3-154　完成自由网空中三角测量

2. 加控制点平差

添加控制点，在 PhotoScan 中称为"创建标记"（Mark Photo），每个控制点就是一个标记（mark），控制点的坐标信息需要在参考（reference）面板上输入和编辑，具体操作包括导入控制点坐标、选择像点等。

导入控制点坐标与导入影像 POS 操作一样，先选择参考面板，在面板工具条上单击"导入参考"按钮，弹出选择导入文件的对话框，如图 3-155 所示。

图 3-155 选择导入控制点文件

选择控制点文件后，系统弹出控制点文件格式对应含义对话框，如图 3-156 所示。

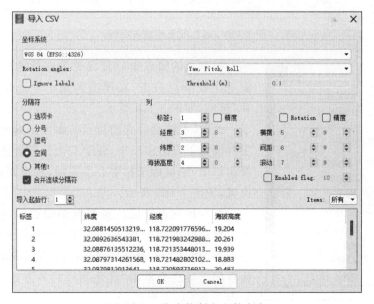

图 3-156 指定控制点文件内容

在对话框中指定好控制点内容、坐标等,单击"OK"按钮,系统弹出创建新标记确认对话框,如图 3-157 所示,单击"Yes"按钮即可。

图 3-157　引入控制点显示

成功导入控制点文件后,在参考面板上显示控制点列表,如图 3-158 所示。

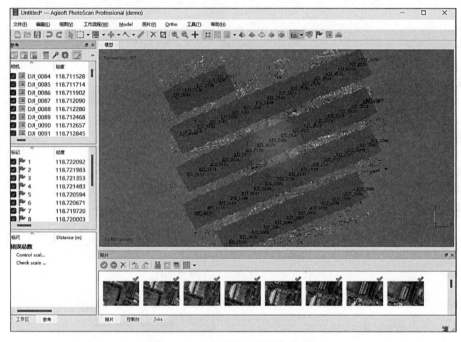

图 3-158　成功导入控制点文件

图 3-159　预测控制点像片菜单

控制点的像点坐标量测也是在参考面板上操作,选中一个控制点右击,在弹出的菜单中选择"标记筛选照片"选项,如图 3-159 所示。

此时,系统会将有控制点的影像预测出来,并显示在主界面右下方的窗口中,逐个双击打开影像,在打开的影像窗口中,用鼠标选择中心小圆圈,将控制点拖动到正确位置,如图 3-160 所示。

所有控制点影像位置都调整完成后,控制量测才结束。然后就可以开始重新平差,重新平差在 PhotoScan 中称为"优化"(Optimize Camera Alignment)。在参考面板的工具栏上单击"优化图片对齐方式"按钮,可得到如图 3-161 所示界面。

在界面中选择需要求解的参数,单击"OK"按钮开始

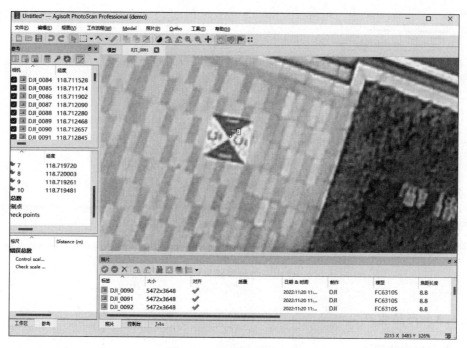

图 3-160　调整控制点位置

再次平差。

3. 导出空中三角测量成果

在主界面中选择菜单"文件"→"导出相机…"选项,如图 3-162 所示,在弹出的对话框中选择保存文件名即可。成功导出的数据如图 3-163 所示。

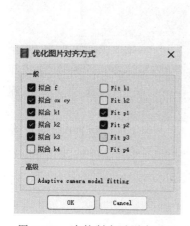

图 3-161　有控制点后再次平差

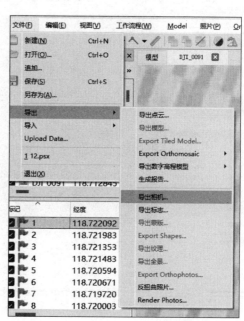

图 3-162　导出空中三角测量结果

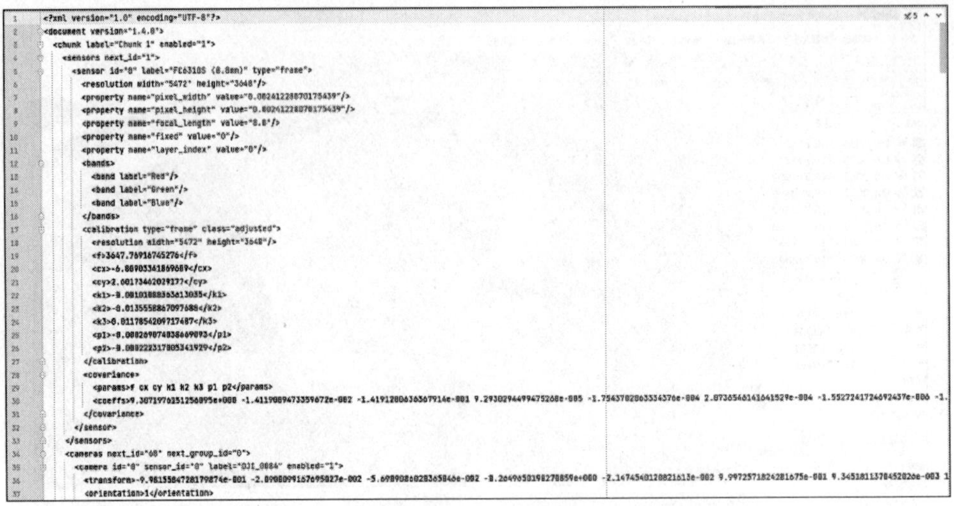

图 3-163 空中三角测量成果成功导出的数据

3.6.3 产品生产

1. 设置工程范围

设置工程范围是可选操作,系统默认是所有影像覆盖的范围。首先在主界面中激活模型标签,在工具栏上选择"矩形选择""移动区域"等功能,在模型视图中可以用鼠标修改工程的范围,如图 3-164 所示。

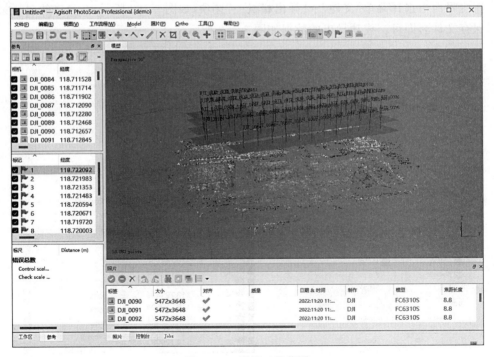

图 3-164 设置工程范围

PhotoScan 的所有产品生产操作都在工作流程中列出，如图 3-165 所示，作业人员根据需要生产对应产品即可。

2. 建立密集点云

在工程流程中选择"建立密集点云"（Build Dense Cloud）选项，系统弹出如图 3-166 所示参数设置界面。

图 3-165　PhotoScan 的产品生产操作菜单

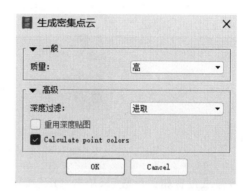

图 3-166　密集点云匹配参数设置

在对话框中可设置相关参数，包括质量、深度滤波等，设置完成后结果如图 3-167 所示。可以使用工具栏上的选择工具和删除/裁剪工具，编辑密集点云中的点。

图 3-167　密集匹配设置结果

3. 生成网格

在密集点云被重建之后，可以基于密集点云数据生成网格模型，这一步是可选操作，如果不需要多边形模型作为最终结果可以跳过，从"工作流程"菜单中选择"生成网格"(Build Mesh)选项，弹出如图 3-168 所示网格参数设置界面。

图 3-168　网格参数设置界面

按需求设置相关参数后，单击"OK"按钮开始处理，结果如图 3-169 所示。

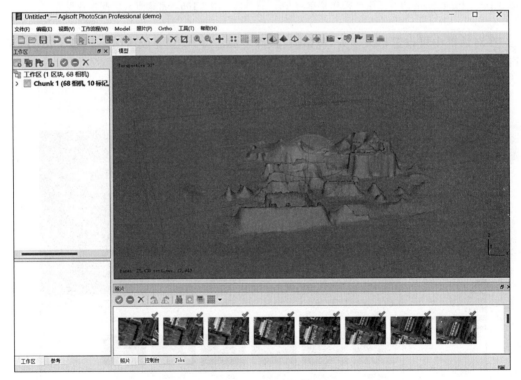

图 3-169　生成网格结果

生产网格数据后，PhotoScan 提供了以下几何图形编辑功能，对模型进行编辑处理。编辑处理是交互处理，这里仅介绍一些基本操作。

删除不需要的面，使用工具栏中的"选择"工具指定要删除的面，所选区域在模型视图中以红色突出显示，单击工具栏上的"删除选择"按钮或"裁剪选择"按钮删除所有未选中的面，也可按"Del"键直接删除。

如果原始图像的重叠不够，可能需要在几何编辑阶段使用工具菜单中的"关闭孔调"命令。在参数设置中，需要指定最大孔的尺寸，以总模型尺寸的百分比表示，如图 3-170 所示。

从工具菜单选择"消减网格"（Decimate Mesh）选项，在参数设置对话框中指定最终模型中的面数量，如图 3-171 所示。

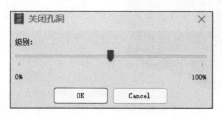

图 3-170　填充网格的孔洞尺寸

图 3-171　消减网格的参数设置

网格编辑处理功能比较多，这里就不一一介绍了，如有兴趣和需求可参考 PhotoScan 的详细使用说明。

4. 生成纹理

从"工作流程"菜单中选择"生成纹理"（Build texture）选项，系统弹出如图 3-172 所示对话框。设置需要的参数后单击"OK"按钮，即可开始生成纹理。

5. 生成 DEM

从"工作流程"菜单中选择"Build DEM"（生成 DEM）选项，系统弹出如图 3-173 所示对话框。

图 3-172　生成纹理的参数设置

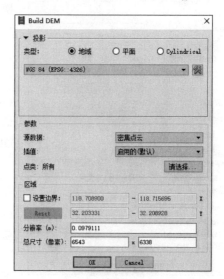

图 3-173　生成 DEM 的参数设置

DEM 数据可以基于点云或者网格生成。通常选择密集点云，处理完成的结果如图 3-174 所示。

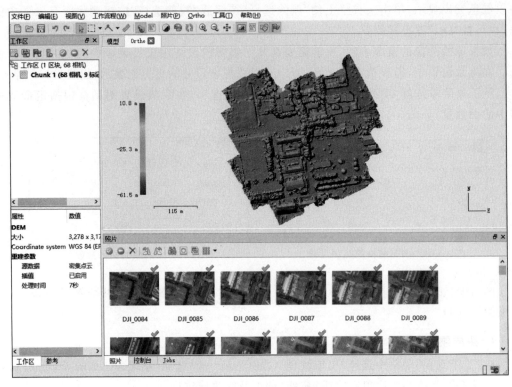

图 3-174 生成 DEM 成果

图 3-175 导出数字高程模型的参数设置

6. 导出数字高程模型

在主界面的"文件"菜单中选择"导出数字高程模型"选项，弹出如图 3-175 所示对话框。

在对话框中指定相关参数后，导出结果即可。

7. 生成正射影像

从"工作流程"菜单中选择"Building Orthomasaic"（生成正射影像）选项，系统弹出如图 3-176 所示对话框。界面中可指定成果坐标系统、所需要的 DEM 数据、正射影像的地面元大小（GSD）等。

8. 导出正射影像

在主界面的"文件"菜单中选择"Export Orthomosaic"（导出正射影像）选项，弹出如图 3-177 所示对话框。

在对话框中设置相关参数，在数据量较大情况下，勾选"区域分割"可以加快速度。此外，导出文件格式不推荐选择 JPECG，有损压缩，文件超过 4G

后，PhotoScan 会启用 BigTiff 格式。

图 3-176　生成正射影像的参数设置　　　图 3-177　导出正射影像的参数设置

3.7　无人机影像处理软件 Agisoft Metashape Professional

　　Agisoft PhotoScan 软件是俄罗斯的 AGISOFT 公司研发的全自动三维建模软件，可对任意照片进行处理，在没有初值、相机参数，甚至缺少控制点数据的情况下，也能自动生成高精度、超精细三维模型，结合外业控制点数据则可以生成控制坐标系统下的三维模型，并进行后续的三维测量。整个工作流程直观且完全自动化，即使非专业人员也可以完成。其生成的正射影像精度最高可达 5cm，DEM、DSM 等建模成果也完全符合《三维地理信息模型数据产品规范》(CH/T 9015—2012)，被广泛应用于公安、测绘、旅游等行业，有效推动了灾害应急、城市建设、军事等领域的发展。

　　采用 Agisoft Metashape Professional 软件进行影像的内业处理，有如下步骤。

1. 数据导入

　　打开软件主界面，如图 3-178 所示，选择"新建文件"→"工作流程"→"添加照片"选项，选中外业摄影的像片并添加，如图 3-179 所示。

2. 对齐照片

　　单击"工作流程"→"对齐照片"选项，开始自动对齐照片，参数设置如图 3-180 所示，对齐照片进度如图 3-181 所示。正常情况下，对于小范围区域，精度选择"中"及以上皆可。

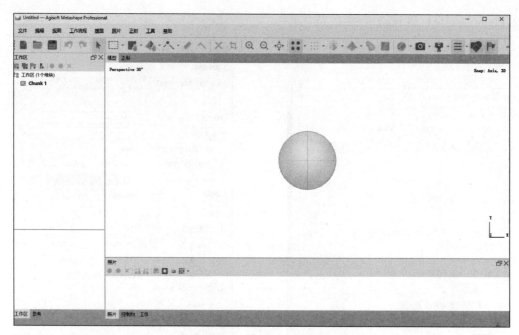

图 3-178　软件主界面

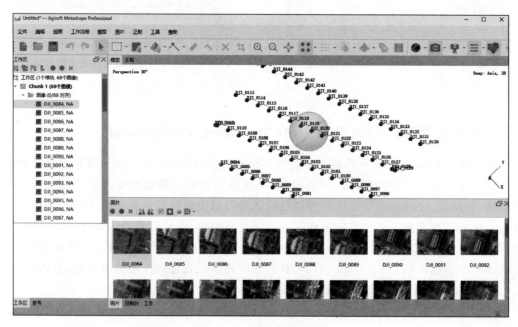

图 3-179　添加影像结果

3. 添加地面控制点

在"视图"菜单中选择窗口下的"参考"选项,单击"导入参考"按钮,如图 3-182 所示。导入控制点文件,如图 3-183 所示。

查看控制点点之记,找到带有控制点的像片,单击像片,放大找到控制点,右击放置相应控制点号标记,如图 3-184 所示。

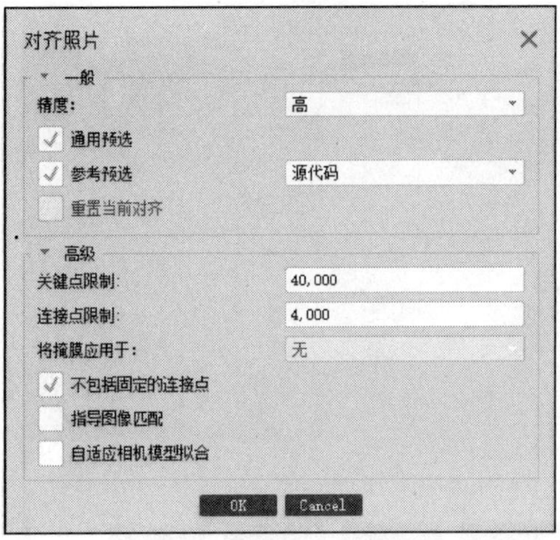

图 3-180　对齐照片参数设置

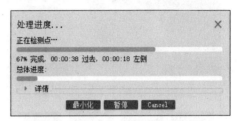

图 3-181　对齐照片进度窗口

图 3-182　导入参数

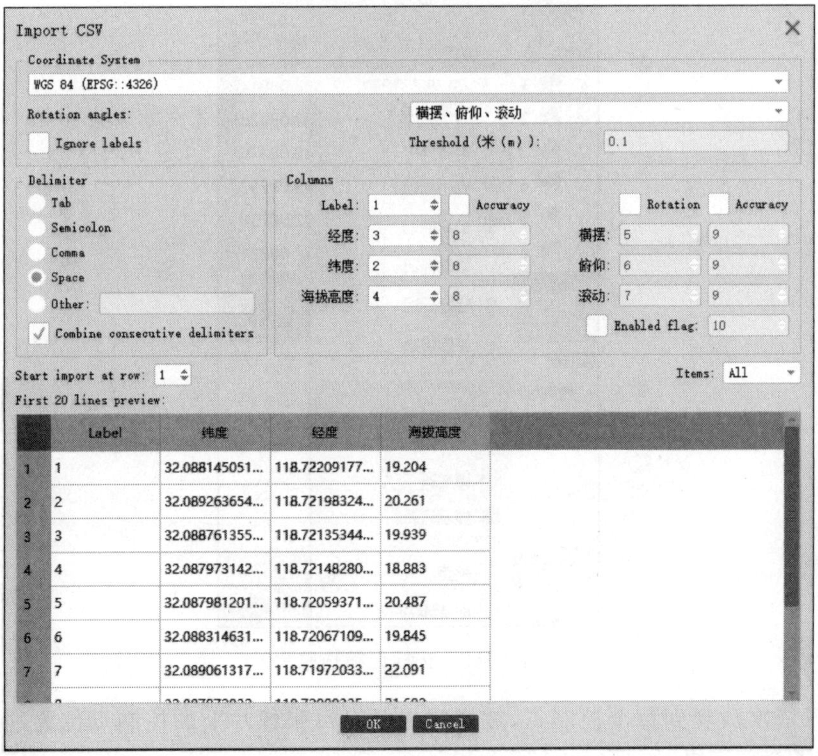

图 3-183　导入控制点文件

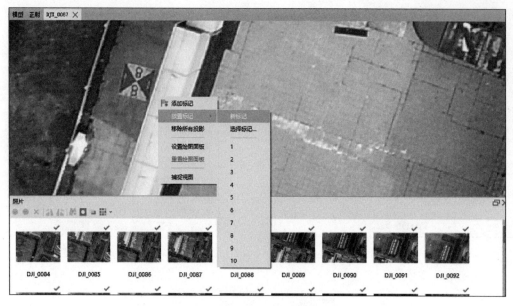

图 3-184　添加地面控制点

放置两张像片后即可右击工作区中控制点号,在弹出的快捷菜单中选择"按标记筛选照片"选项,如图 3-185 所示。

图 3-185　按标记筛选照片

把旗子依次放置到每个控制点,放置完成后对每张像片上的控制点位置进行检查、调整,直到旗子全部变绿,如图 3-186 所示。

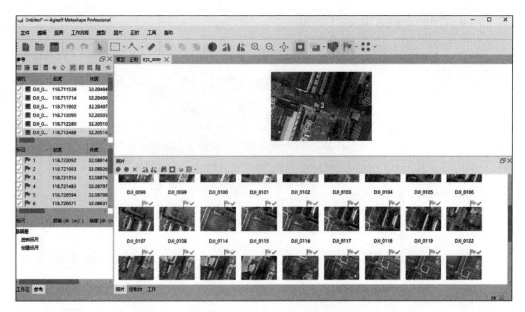

图 3-186　添加地面控制点过程

4. 创建点云

单击"工作流程"→"对齐照片"选项,再次对齐照片,生成点云。单击"工作流程"→"生成点云"选项,为了保证生成点云的效果,点云质量一般选择"高",界面如图 3-187 所示,生成点云结果如图 3-188 所示。

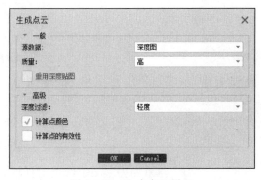

图 3-187　生成点云设置

5. 生成网格

单击"工作流程"→"生成网格"选项,系统弹出如图 3-189 所示对话框。参数设置完成后单击"OK"按钮,开始生成网格。

6. 生成纹理

单击"工作流程"→"生成纹理"选项,系统弹出纹理参数设置界面,如图 3-190 所示。勾选"启用孔洞填充"选项,参数设置完成后单击"OK"按钮,开始生成纹理。

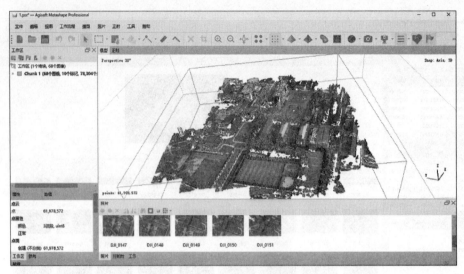

图 3-188　生成点云结果

图 3-189　生成网格设置 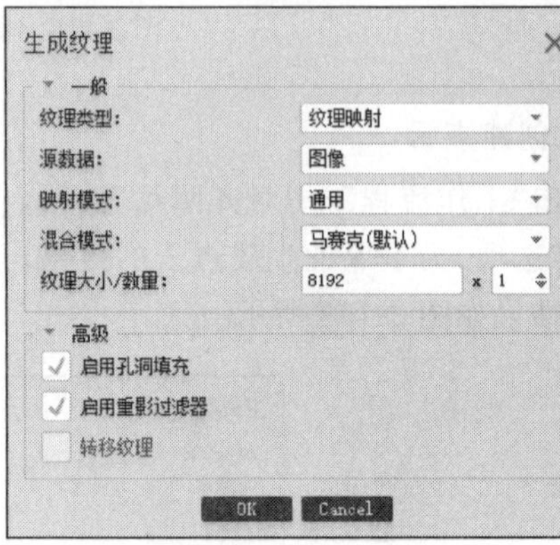　　　　图 3-190　生成纹理设置

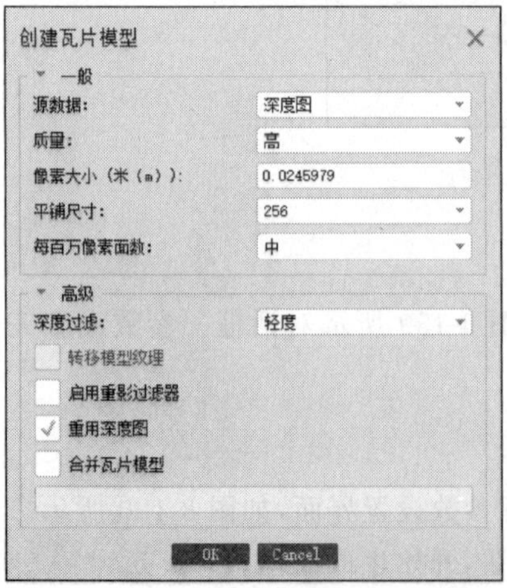

图 3-191　创建瓦片模型设置

7. 创建瓦片模型

单击"工作流程"→"创建瓦片模型"选项,系统弹出如图 3-191 所示对话框,生成模型可以基于深度图或者是点云,瓦片质量选择"高",创建瓦片模型结果如图 3-192 所示。

通过瓦片模型选项可以更改瓦片模型显示效果,包括纹理、实体和线框,如图 3-193 所示。

8. 创建 DEM

单击"工作流程"→"创建 DEM"选项,系统弹出如图 3-194 所示对话框。

DEM 数据可以基于点云或连接点等数据生成,通常选择点云,处理完成后可见到如图 3-195 所示结果。

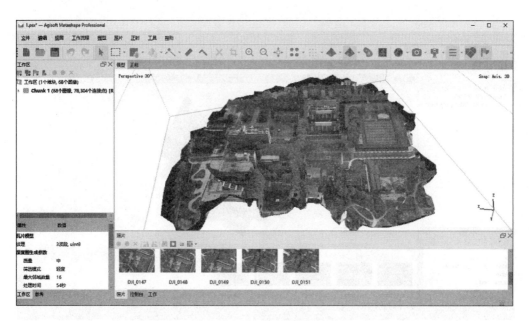

图 3-192 创建瓦片模型结果

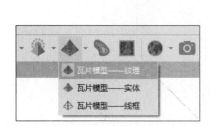

图 3-193 瓦片模型选项

图 3-194 创建 DEM 参数设置

9. 生成正射影像

单击"工作流程"→"创建正射影像"选项,系统弹出如图 3-196 所示对话框。按照要求设置参数,单击"OK"按钮,开始创建正射影像,创建结果如图 3-197 所示。

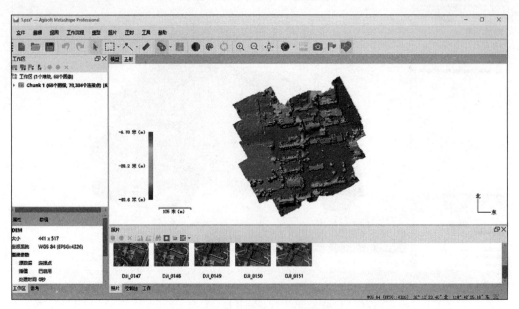

图 3-195 创建 DEM 结果

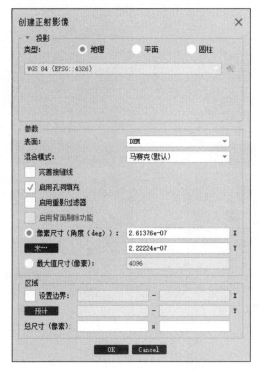

图 3-196 创建正射影像参数设置

图 3-197 创建正射影像结果

3.8 无人机飞控软件

无人机航空摄影系统是一种将相机安装在无人机上,用于对目标进行拍摄的完整飞行摄影解决方案。该系统通常由无人机、无人机飞行控制系统、相机、相机拍照控制系统四部分组成。其中,无人机飞控需要实时了解飞机位置,因此飞机上必须配备 GPS 定位设备。同时,还要有相应的无人机飞控软件与相机控制系统进行整合,以实现预先指定飞行路线、飞行高度、拍照位置等全自动航空摄影功能。

3.8.1 无人机飞控软件 DJI GO

DJI GO 软件是深圳市大疆创新科技有限公司为其各类无人飞行器开发的一款飞行控制软件,主要为用户提供线上无人机拍摄的功能。DJI GO 集飞行、拍摄、编辑和分享于一体,操作简单、体验流畅,完美操控大疆精灵 Phantom 系列等无人飞行器。

1. 启动 DJI GO

首先,在移动设备上安装好 DJI GO,并注册大疆账号,使用数据线连接手机或者平板电脑,打开 DJI GO 4 软件,如图 3-198 所示。然后选择要连接的飞行器系列,若有版本更新,需更新后再进入飞行页面。

飞行界面如图 3-199 所示,箭头 a 处需提示"起飞准备完毕"。查看箭头 b 处,至少连接 8 颗卫星,且页面第一行其他信号连接良好,查看飞行器参数列表检查参数,如指南针、无线信道质量、飞行模式(GPS 模式、"美国手"模式),然后单击右上角三点处,设置飞控参数。

2. 飞控参数设置

飞控参数设置界面如图 3-200 所示。"返航点设置"处有两个按钮,第一个按钮的作用

图 3-198　DJI GO 4 主界面

图 3-199　DJI GO 4 飞行界面

是将返航点刷新到飞机目前的位置,第二个按钮的作用是刷新返航点到目前用户的图传显示设备。图中 a 处设置返航点;b 处设置返航高度,要高于周边建筑物高度;根据实际航空摄影需求设置飞行最大距离。

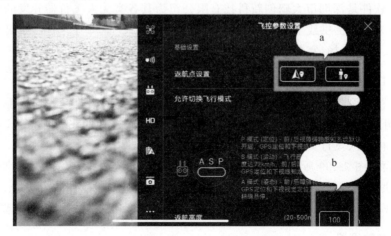

图 3-200　DJI GO 4 飞控参数设置界面

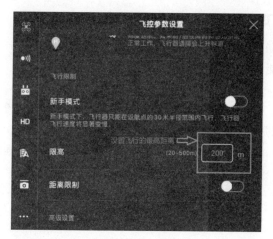

图 3-200 （续）

打开 DJI GO 4 的高级设置，按图 3-201 中参数设置："失控行为"选择"返航"；"感知设置"中的功能全部开启；"智能电池设置"中的低电量处理按图中设置即可。

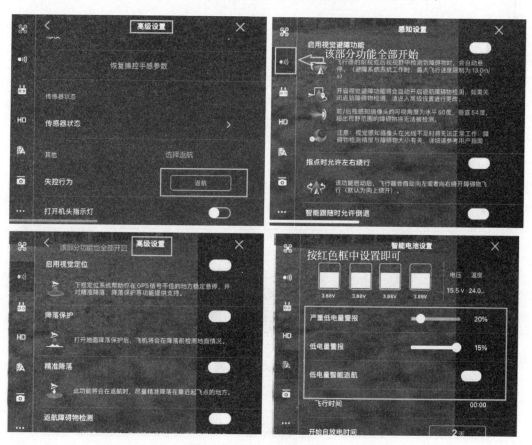

图 3-201　DJI GO 4 高级设置

3.8.2 无人机飞控软件 Pix4Dcapture

Pix4Dcapture 是瑞士 Pix4D 公司基于中国的大疆、法国的 Parrot 等消费级飞行器而研发的一款航测数据智能采集控制软件。Pix4Dcapture 需要先安装 Ctrl+DJI 软件。Ctrl+DJI 是用于驱动 Pix4Dcapture App 的软件,在打开 Pix4Dcapture App 之前应先打开 Ctrl+DJI,通过 Ctrl+DJI 打开 Pix4Dcapture App,如图 3-202 所示。软件支持 5 种飞行模式,也是航线规划模式,分别是 POLYGON(多边形区域设置航线)、CRID(矩形区域按航带飞行,常用于生产正射影像)、DOUBLE GRID(交叉飞行,常用于生产三维模型)、CIRCULAR(环绕飞行,常用于特定目标建模)和 FREE FLIGHT(全自由飞行)。

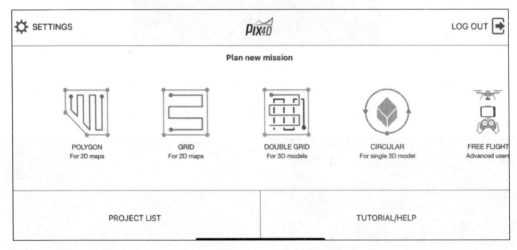

图 3-202 Pix4Dcapture App 启动界面

制作平面图主要使用前两项航线进行规划,任选一种单击进入航线规划界面,设置飞行高度、照相机俯仰角、航向重叠度、旁向重叠度以及飞行速度等参数,如图 3-203 和图 3-204 所示。

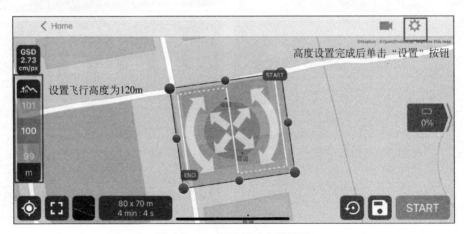

图 3-203 GRID 模式参数设置

设置完成后返回主页面,单击图 3-205 中右下角 a 处上传航线,完成后单击 b 处准备起

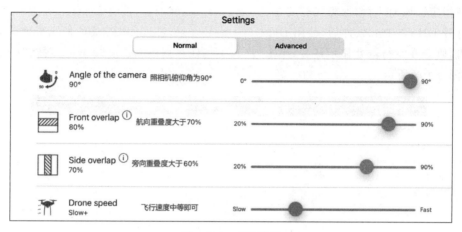

图 3-204　参数设置

飞,此时弹出 c 页面,单击"Next"按钮后,飞控软件与飞机进行再次连接,并提醒作业区域、飞机高度,再次单击"Next"按钮,进入安全检查界面。如果这些需要检查的因素中存在不正常状态,请仔细检查对应项,并认真调试和确认。特别要注意的是,正常安全起飞需要考虑的因素包括但不限于这些因素。飞行安全检查完成后,单击"Press for takeoff"按钮,飞机接收起飞指令,开始启动升空,执行设定好的航飞任务。

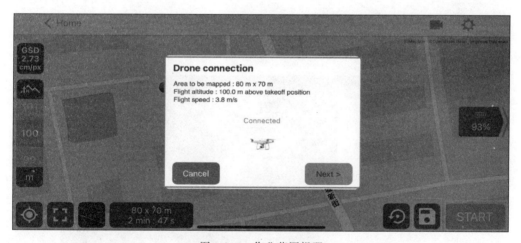

图 3-205　作业范围提醒

起飞后在 Pix4Dcapture 界面观察即可,此过程如果切换别的界面,可能导致航线有偏差。飞机执行完所指定的任务后会自动降落回起飞地点,中途任何时间想终止飞行,可以通过按大疆飞机遥控器上的"一键返回"按钮,将飞机召回。

3.8.3　无人机飞控软件 DJI GS Pro

DJI GS Pro(Ground Station Pro)是一款可控制大疆飞行器实现自主航线规划及飞行的 iPad 应用程序。DJI GS Pro 拥有直观简易的交互设计,只需轻点屏幕,就能轻松规划复杂航线任务,实现全自动航点飞行拍照、测绘拍照等操作,其全新虚拟护栏功能还可帮助飞行器在指定区域内飞行,保障飞行安全。

打开 DJI GS Pro 软件后,使用 DJI GO 4 账号登录,进入如图 3-206 所示界面。如果连接飞机,则会在飞行器处显示任务,单击"进入飞行任务列表"按钮,单击"＋"按钮创建新任务,如图 3-207 所示。

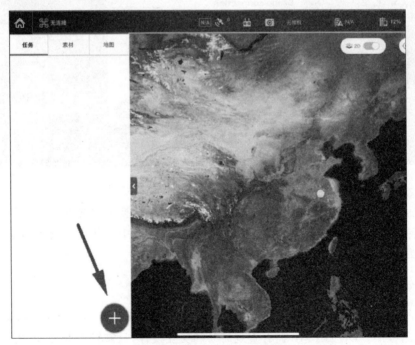

图 3-206　DJI GS Pro 主界面

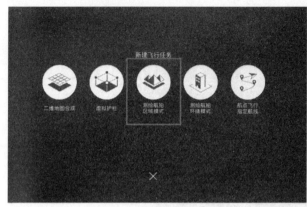 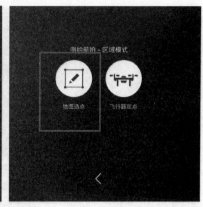

图 3-207　新建飞行任务

在新建飞行任务界面,选择"测绘航拍区域模式"→"地图选点"选项,进入任务界面,如图 3-208 所示,如果飞机正常连接,此处会显示飞机的位置。按照预设的航线区域,在地图上单击创建一个飞行区域,调整边界,在右侧"基础设置"中设置航飞参数、查看任务详情。设置好参数,关注右上角的预计飞行时间以及航片数,需保证电池充足,单击右上角蓝色飞机标志,检查飞机状态,一切正常即可飞行。

图 3-208　任务界面

高级设置中可以设置航向重叠度、旁向重叠度、主航线角度、边距以及云台俯仰角等,如图 3-209 所示。

通过 DJI GS Pro 控制大疆无人机,能够在指定区域内自动生成航线任务,让无人机按照指定路线飞行、拍摄,自动完成测绘、航拍任务。

图 3-209 高级设置

3.8.4 无人机飞控软件 Umap

Umap 是广州优飞信息科技有限公司基于安卓移动操作系统和大疆 SDK 自主研发并具备自主知识产权的智能航测无人机数据采集、处理和应用调绘软件。Umap 基于安卓开发，运行于安卓 4.4 以上系统中。软件功能分为 5 个模块：智能飞行、任务管理、地图应用、飞行记录和系统设置。

智能飞行模块主要包括杆塔路径导入、航飞路径规划、飞行参数设置、飞行安全检查、航点自动生成、一键起飞全自主完成飞行任务、紧急情况一键返航。界面操作简单、便捷、安全可靠性高，适用于电力通道巡检、地形测绘、土地资源调查、环保污染源调查等各个领域。

任务管理模块主要对航飞任务进行管理。航飞之后生成的影像数据可以通过任务管理模块与魔方进行对接，将影像数据同步到魔方中处理，魔方处理完后，实时将影像成果传输回 App。

地图应用模块能将数据处理生成的高清影像成果和 DEM 数据进行统一管理，加载 Google 在线地图数据，提供点、线、面基本绘制工具以及距离、面积量算工具；同时提供基于位置的轨迹记录、拍照、剖面功能以及强大的导航功能，支持 KML 文件加载。

此外，地图应用模块能方便野外工作人员即时进行数据应用和调绘，从而极大地提高野外工作效率。

飞行记录模块能够查看并回放之前执行过的任务，统计飞行次数、总时间及总里程。

系统设置模块主要包括切换地图以及选择当前飞行的模式,如 360°全景、正射影像等,可以对地形数据、飞行平台和相机参数进行管理。

飞机起飞前,进行飞行前检查并确保飞行器与遥感器处于开机状态,连接平板与遥控器,选择 Umap,进入 Umap 系统设置界面,如图 3-210 所示。

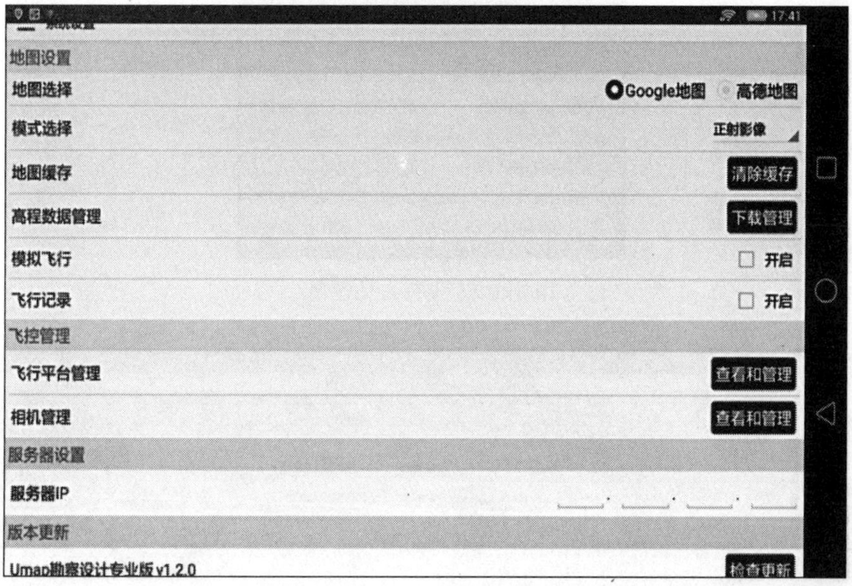

图 3-210　Umap 系统设置

系统设置时,将地图选择为 Google Earth 地图,模式选择为正射影像。卫星影像图进行无人机定位。通过参数设置航线高度、旁向重叠度、航向重叠度等,如图 3-211 所示。选择划分区域(建议稍大于测区范围);先大致框选测区范围,再根据图示放大(缩小)、旋转进行微调。

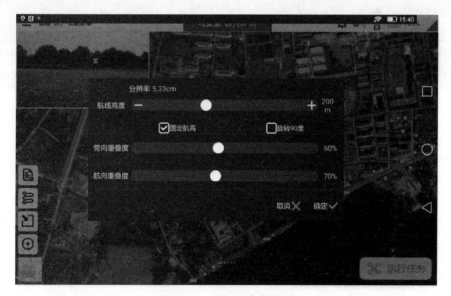

图 3-211　Umap 参数设置

设置完成后,单击"执行任务"按钮,会出现图 3-212 所示界面,此时会自动进行飞行检查,当所有检查工作完成后,单击"自动起飞"按钮,根据测区范围自动计算航带数,按航线飞行采集影像,如图 3-213 所示。

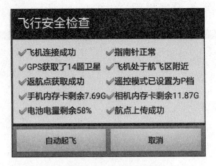

图 3-212　飞行安全检查

图 3-213　Umap 控制影像采集

第4章
摄影测量创新型实践

传统摄影测量教学中,学生学会基本知识和理论后不知如何应用,不知道这些理论知识能解决什么样的实际问题,或者在实践中仅完成操作步骤,但探索性不够,创新能力得不到锻炼。摄影测量学实践技能培养是深化课堂理论知识、培养学生应用能力的有效途径,实践教学应以培养满足社会需求的摄影测量人才为目标。通过完成航线与像控点设计、外业航飞、像控点测量、空中三角平差计算和数字产品生产等实习环节,培养学生操控无人机和进行摄影测量实际生产的能力,提高其解决复杂摄影测量工程问题的能力,为从事无人机摄影测量以及倾斜摄影测量工作奠定基础。

4.1 低空无人机航空摄影测量

4.1.1 无人机航空摄影概述

进入21世纪,无人机的用途不断扩大,已经成为一种新型的空中平台,在国民经济建设和现代战争中发挥着越来越重要的作用。在测绘领域,仅靠卫星和有人机难以快速、及时和全方位地获取地理环境信息,基于无人机平台的测绘技术正是这一缺陷的有效补充手段,能够满足实时获取的要求。无人机测绘具有结构简单、操纵灵活、使用成本低、反应快速等特点,可以灵活、快速地获取到高分辨率、大比例尺和高现势性的影像。无人机测绘可广泛用于应急抢险、高危区域调查、环境遥感监测和军事应用等。

1. 无人机基本概念

无人机全称无人驾驶飞行器(unmanned aerial vehicle,UAV),是利用无线电遥控或自备程序控制装置操纵的不载人飞机。

无人机的种类繁多,可依据不同的标准进行分类。按飞行平台构型,无人机可分为固定翼无人机、旋翼无人机、扑翼无人机、无人飞艇、伞翼无人机等。其中,固定翼无人机或定翼机常简称为飞机;旋翼无人机是指能够垂直起降,以一个或多个螺旋桨作为动力装置的无人飞行器,如图4-1所示。

无人机按任务高度区分为:超低空无人机(0~100m)、低空无人机(100~1000m)、中空无人机(1000~7000m)、高空无人机(7000~18 000m)、超高空无人机(大于18 000m)。

图 4-1 无人机示意图
(a) 固定翼无人机；(b) 旋翼无人机

2. 无人机测绘概述

无人机测绘是指通过无人机搭载数码相机获取目标区域的影像数据，同时在目标区域通过传统方式或者全球导航卫星系统（global navigation satellite system，GNSS）测量方式测量少量控制点，然后应用数字摄影测量系统对获得的数据进行内业处理，从而获得目标区域的三维地理信息模型的一种技术。

无人机测绘作业流程主要分为外业测量和内业数据处理两大部分。外业测量包括：资料收集，确定测区范围；施测范围航摄参数计算，规划航线；像控点布设与测量；无人机影像获取；外业调绘。内业数据处理包括：空中三角加密；数字正射影像图与数字高程模型的生产；测图；数字线划地形图的生产；编辑成图；数据检查验收。无人机测绘主要工作流程见图 4-2。

4.1.2 像控制点外业测量

1. 像控点基本概念

无人机摄影测量的地面控制点主要有两个用途：一是作为定向点使用，用于求解像片成像时的位置和姿态；二是作为检查点使用，用于检查生产成果的精度。地面控制点（ground control point，GCP）是表达地理空间位置的信息数据，归结为空间位置坐标、点位局部影像、点位特征描述及说明（点之记）、辅助信息，在航空摄影测量中控制点称为**像控点**。

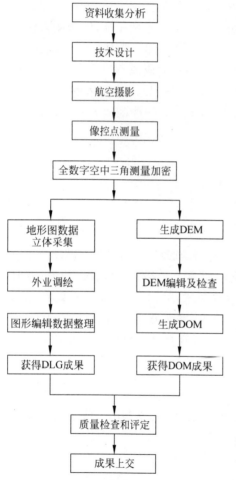

图 4-2 无人机测绘主要工作流程图

应根据测区的实际情况，在测区范围内均匀布设像控点。低空摄影测量像控点应选择像片上影像清晰、接近正交的细小线状地物交点和直角拐点,如平顶房角、水池角、围墙内外角、花坛角、旱地角以及能准确判定几何中心的固定点状地物等,但不能选树木或者建筑物的遮挡处、人字顶房角、有草丛的田埂、有弧度的田角等。控制点所处地面应尽量平整,无高低落差,确保刺点时不产生高程异议。选点时还需查看点位地物近期是否会发生变化或遭人为破坏,尽量避开人流量大和人为活动多的地方。目标选定后,宜设置人工标志,并选择标志点显示最清晰的像片进行标注。

控制点获取主要通过以下途径。

(1) 外业直接测量提供控制点坐标。

(2) 利用空中三角测量加密成果获得。目前国内主流空中三角测量软件均具备输出像点局部影像(地面控制点小影像)的功能。

(3) 将纠正后的卫星影像成果上交控制点影像库,这些控制点影像库中的影像可直接使用,影像中心点为控制点位置,坐标也可直接导出。

2. RTK 测量地面控制点

实时动态载波相位差分(real-time kinematic,RTK)测量地面控制点主要有以下步骤。

1) 架设基准站

在进行 RTK 图根测量时,首先架设基准站,基准站架设点要求如下。

(1) 基准站周围要视野开阔,卫星截止高度角应超过 15°,周围无信号发射物(如大面积的水域、大型建筑物等),以减少多路径效应干扰,并且要尽量避开交通要道、过往行人的干扰。

(2) 基准站应尽量架设于测区内相对制高点上,以方便传播差分改正信号。

(3) 基准站要远离微波塔、通信塔等大型电磁发射源(200m 外),要远离高压输电线、配电线、通信线(50m 外)。

(4) RTK 在作业期间,基准站不能移动或关机重新启动,如果重新启动必须重新进行校正。

2) 设置流动站

1 个流动站只需 1 名测量员通过手簿进行测量操作。连接好流动站接收机、天线、测杆后,先进行测量类型、电台的配置,使其与基站无线电连接,输入流动站的天线高,输入观测时间、次数,设置机内精度,机内精度指标预设为点位中误差±1.5cm,高程中误差±2.0cm。

3) 校正测量

由于基准站设置于未知点上,因此必须对已知点进行校正测量,才能在手簿上求解出 WGS-84 坐标系与当地坐标系之间的转换参数。校正点的数量视测区的大小而定,一般取 3~6 点为宜。在手簿中输入校正点的当地坐标,将流动站置于校正点上,测量出该点的 WGS-84 坐标,将所选的校正点逐一测量后,通过手簿上的点校正计算即可求解出转换参数。点校正测量结束后,先在已知点上测量,检查转换参数无误时才能进行新的测量。

4) 图根点控制测量

图根点的布设应以点组的形式出现,每组应由 2 个或者 3 个两两通视的图根点组成,以便于安置全站仪时定向以及测量时进行测站检核。图根点之间的距离应随点位而定,一般不超过 100m。图根点测量时只需在测站上输入点名,按提示测量存储数据,正常情况下 5s 即可结束一个点的观测。

4.1.3 无人机影像采集

无人机航空摄影是指利用无人机上搭载相机,按照一定的技术要求对地面进行摄影获得影像数据的过程。航空摄影测量的目的是对目标区域进行测量,以获取目标区域的地理信息,通常情况下需要地面控制点对拍摄的影像进行位置和姿态的标定并检查生产精度。无人机航空摄影不同于传统航空摄影,无人机由遥控装置进行控制,飞机上的相机也是由遥控装置进行控制摄影。随着科技进步,无人机都要安装有 GNSS 定位的装置和自动巡航软件,可以实现对目标区域进行航带飞行和摄影的功能。

1. 无人机航空摄影系统

无人机航空摄影系统是一种将相机安装在无人机上对目标进行拍摄的整个飞行摄影系统。通常由无人机、无人机飞控系统、相机、相机拍照控制系统四部分组成。

无人机飞控需要实时了解飞机位置,因此要求飞机上必须具备 GNSS 定位设备。无人机飞控系统的功能非常丰富,通常与相机控制系统进行整合,因此可以实现预先制定飞行路线、飞行高度、拍照位置等进行全自动航空摄影的功能。无人机飞控软件介绍详见本书 3.8 节。

2. 航线规划

无人机测绘任务航线规划是一项十分重要的前置工作,要根据任务情况、地形环境情况、无人机飞行性能、天气条件等因素,设置航线规划参数,计算得到具体的飞行航线,保证无人机按照既定的路线进行飞行并完成设定的数据采集任务。

飞行航线规划可以利用专门的软件完成,软件通常提供规则图形(如矩形、平行四边形等)的航线规划,如图 4-3 所示。航线规划一般分为两步:首先是飞行前预规划,即根据既定任务,结合环境限制与飞行约束条件,从整体上制定最优参考路径;其次是飞行过程中的重新规划,即根据飞行过程中遇到的突发状况,如地形、气象变化、未知限飞因素等,局部动态地调整飞行路径或改变动作任务。航线规划的内容包括出发地点、途经地点、目的地点的位置信息、飞行高度和速度,以及需要达到的时间段。

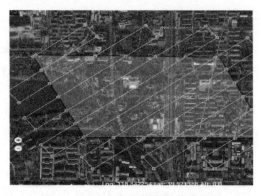

图 4-3 无人机航空摄影的航线规划

3. 无人机航空摄影

无人机航空摄影主要包括起飞前检查、无人机航空摄影、现场数据整理、检查等。

1) 起飞前检查

为确保无人机航空摄影安全,飞机通电后需要进行自检以及严格的安全检查,具体如下。

(1) 通信盒（gBox）状态检查。包括线缆连接检查，GNSS 天线视野开阔、gBox 正常启动、锁定卫星检查。

(2) 相机检查。包括内存卡（SD）检查、相机设置检查、快门速度设置、相机镜头和滤镜清洁、相机热插拔线路连接、尼龙扣带固定、相机触发器检查、快门反馈检查。

(3) 跟踪器检查。确保跟踪器打开，检查接收器是否接收信号。

(4) 升降翼检查。包括外弦升降翼与内弦升降翼水平检查、升降翼反应检查。

(5) 发射架检查。包括发射架装配、确认安全插销插入发射架、弹力绳力度检查。

(6) 空速反应检查。确保空速反应正常。

(7) 飞机定位检查。确保飞机装配到发射架上，定位螺旋桨位置、飞机位置正确。完成起飞前检查后，拆除安全插销，启动无人机系统，等待系统正常启动后，即可发射无人机。

2) 无人机影像数据采集

无人机起飞后，按照规划路线升空进行影像数据采集，地面站开始对飞机工作状态进行实时监控，技术员应时刻关注无人机的状态、风速、飞机的高度及速度等指标，如发现异常应立刻做出判断和处理，如正常即按预定线路采集完成后返航降落。

3) 数据整理及检查

现场对航飞数据进行整理及检查。核查拍摄照片数量与飞行轨迹参数是否一致，是否出现漏拍现象；检查照片质量，是否有模糊不清等情况；现场对航飞成果质量进行全面、快速检查，计算航向重叠度、旁向重叠度，生成检查结果报表等。检查完成后如存在质量问题则需重新补摄飞行。

4. 无人机测绘航空摄影作业流程

无人机测绘航空摄影作业流程主要包括：航空摄影准备、航空摄影设计、航空摄影实施、质量检查及成果提交。

1) 航空摄影准备

航空摄影准备包括摄影基本情况分析、确定航空摄影设计用图、航空摄影空域申请、航空摄影技术设计等。

航空摄影实施前，应制订详细的飞行计划，且针对可能出现的紧急情况制订紧急预案。航空摄影应遵照民航、通航和空域管理部门的有关规定执行。使用机场时，应按照机场的相关规定飞行。航空摄影实施前对工程使用的设备、材料进行认真检查，并做好检查记录。派出经验丰富的项目负责人现场组织安排和指挥生产，不错过适宜航空摄影的天气，确保飞行质量、摄影质量与生产工期。

2) 航空摄影设计

航空摄影设计包括摄影比例尺的确定、航空摄影分区的划分、基准面高度的确定、航线的敷设、航空摄影基本参数的计算、航空摄影季节和时间的选择、航空摄影仪的选择与检定、航空摄影胶片的选择等。

3) 航空摄影实施

航空摄影实施包括摄影比例尺的确定、设备的检测、航空摄影试片、航空摄影实施、填写飞行日志等。每次起飞之前，需仔细检查系统设备的工作状态是否正常。严格按照规范规定的太阳高度角要求选择航空摄影时间。在航空摄影飞行时，要严格按照操作规范进行,应保持航高,最大航高与最小航高之差不大于规范限值。

4）质量检查

质量检查包括数据质量、飞行质量、影像质量、附件质量的检查。

5）成果提交

数码航空摄影一般要提交的成果有影像数据、航线示意图、航摄相机在飞行器上安装方向示意图、航空摄影技术设计书、航空摄影飞行记录、相机检定参数文件、航空摄影资料移交书、航空摄影军区批文、航空摄影资料审查报告及其他相关资料等。

4.1.4 无人机内业测绘成图

无人机测绘的目标是通过无人机获取目标区域影像进而获取目标区域的三维地理信息模型,主要指航空摄影的数字产品。无人机测绘成图内业生产主要包括空中三角测量、数字高程模型生产、正射影像生产、数字线划图生产等。

1. 空中三角测量

传统的空中三角测量是基于航带进行的,但是无人机飞行时容易受到气流影响,发生航线漂移,导致影像旋转角和航线弯曲度大,影像航向、旁向重叠度不规则,无法按传统航空摄影测量分出航带。但是,无人机飞行时都需要 GNSS 信号指导飞行,因此无人机获取的影像一般都有 GNSS 数据甚至 POS 数据(即无人机每个航点拍摄瞬间的三维坐标——经度、纬度、飞行高度)。进行空中三角测量处理的时候,可以使用 GNSS 信息进行全自动自由网作业。影像的 GNSS 信息有两个作用,一是用于连接点匹配,匹配过程中使用 GNSS 作为影像是否相邻的判定依据。若 GNSS 位置很接近,则认为影像是相邻的,需要进行连接点匹配;如果 GNSS 位置相邻很远,则不进行连接点匹配。二是在平差解算时 GNSS 作为外方位元素的初值和约束条件,即解算结果必须与 GNSS 接近。

空中三角测量前要进行数据预处理,主要包括原片检查、POS 数据和飞行姿态(航向角、俯仰角和翻滚角)数据整理、控制点数据整理等。预处理完成后,利用相应软件(如 DPGrid 等)进行空中三角加密处理,包括将影像数据的坐标系由大地坐标转换为直角坐标,对影像的畸变进行改正、构建影像模型、连接航带、像控点刺点、平差处理等。像控点刺点时,在立体像对的点位上选刺控制点,从所有控制点位中选择 3/4 的点作为控制点,其余点位作为检查点。同时,为了增加模型连接的强度,避免由于某一个控制点的误差过大而引发全局性的负面影响,在立体像片上增加一些模型连接点参与空中三角平差。经过反复的点位调整、优化,直到满足平面和高程的绝对定向精度要求,最终确定加密点坐标和影像定向参数。

2. DEM 生产

三维地理信息模型中最重要的内容之一即三维地形信息,三维地形通常通过大量地面点空间坐标和地形属性数据来描述,也就是 DEM(数字高程模型)。无人机测绘的 DEM 生产主要基于数字摄影测量工作站,通过立体采集特征点线(如山脊线、山谷线、地形变换线、坎线等),构建不规则网获得 DEM 数据。

常用的 DPGrid 无人机内业处理软件生成 DEM 是采用密集匹配的思想,即摄影测量基本原理中同名点前方交会得到地面点坐标,在空中三角测量的基础上,通过各种匹配算法获得测区密集点云的一种方法,其特点是可以生成密度非常高的地面点。生成密集点云后，通过点云处理对整个点云数据进行规则格网处理，生成标准的 DEM 数据。

3. DOM 生产

根据空中三角加密的成果，利用数字高程模型数据对影像进行数字微分纠正和影像采样，进行正射影像生产。由于无人机飞行高度较低，高层地物同名点视差较大，按照相机中心投影的成像原理，影像边缘投影误差较大，往往会出现接缝和建筑物边缘扭曲的现象。所以在进行正射影像拼接时需要对其镶嵌线进行人工编辑，镶嵌线的选取及修改要尽可能避免穿过大型建筑物，应选择纹理不丰富的位置，远离影像的边缘，尽量沿道路和地面实体的边缘等。同时，对于不同拍摄角度、位置的照片存在的色差和亮度差进行匀光匀色处理，镶嵌线周边羽化处理，保证照片镶嵌自然，整体影像亮度、色差一致。

4. DLG 生产

无人机测绘成图生产要对目标区域的地物(如房屋、道路等设施)，进行精确的轮廓坐标测量，所有目标区域中的地物信息、地貌信息都采用矢量线进行描述，由这些矢量线组成的图称为数字线划图(DLG)。DLG 生产需要在专业立体环境中进行，主要包括以下步骤。

1) 数据准备

准备空中三角测量加密平差成果文件及无人机原始影像数据，将必要的文件放到同一文件夹的同级目录下，如影像 ID 文件、外方位元素文件、加密点文件、像点文件等，保持文件前缀名称一致。

2) 新建工程

打开地理信息基础测绘平台(一种以数据库为核心，将图形和属性数据融为一体的地理信息工作站基础软件)，选择航测采编模块，建立工程文件。

3) 模型恢复

选择立体测图菜单，应用软件根据外方位元素和影像重叠度自动组合立体像对，实现无缝连接，恢复立体模型，也支持自动/手动切换立体模型。

4) 立体采编

连接外接输入设备，设置工作区，应用软件对立体模型进行数据采集工作，通过对立体模型可观测到的地貌和地物，按照"内业定位、外业定性"的原则进行全要素的数字化跟踪和外业调绘修编等工作，最终生成数字线划图。

4.1.5 低空无人机航空摄影测量综合实习

1. 实习目的与要求

运用所学航空摄影测量基础理论知识与课内实验已经掌握的基本技能，完成低空无人机航空摄影测量综合实习，通过团队分工合作提高学生组织协调及与人合作能力。

(1) 了解无人机低空摄影测量重要理论。

(2) 了解无人机飞控注意事项及安全教育。

(3) 掌握航空摄影像控点布设及测量方法和流程。

(4) 掌握利用无人机进行影像采集的操作流程。

(5) 掌握以航空摄影测量为主的摄影测量学基本理论和方法，能够利用无人机影像处理软件生成 4D 产品。

2. 实习内容

在学习摄影测量和无人机操作的相关理论和实践知识基础上，以小组为单位在校园内进行实习，具体包括以下几点。

（1）无人机操作学习及安全教育。

（2）无人机低空摄影数据采集外业实习。

① 外业无人机低空摄影。全班分组，对本测区进行低空摄影，获得测区内影像。

② 外业控制点测量。采集全测区内像控点外业数据，获得像控点坐标。

（3）无人机低空摄影测量影像内业处理。

3. 实习指导

1）大疆精灵 4 Pro 无人机介绍及操作注意事项

（1）大疆精灵 4 Pro 无人机

大疆精灵 4 Pro 无人机见图 4-4，无人机配备有云台、飞行控制系统（如图 4-5 所示为飞行遥控器）以及高精度的单镜头相机等核心组件，其详细的性能参数列于表 4-1。

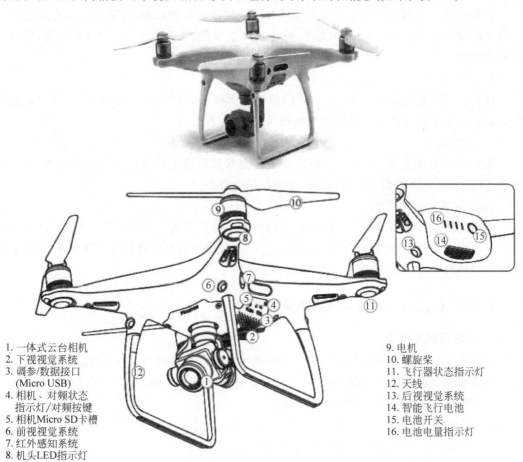

1. 一体式云台相机
2. 下视视觉系统
3. 调参/数据接口（Micro USB）
4. 相机、对频状态指示灯/对频按键
5. 相机Micro SD卡槽
6. 前视视觉系统
7. 红外感知系统
8. 机头LED指示灯
9. 电机
10. 螺旋桨
11. 飞行器状态指示灯
12. 天线
13. 后视视觉系统
14. 智能飞行电池
15. 电池开关
16. 电池电量指示灯

图 4-4　大疆精灵 4 Pro 无人机

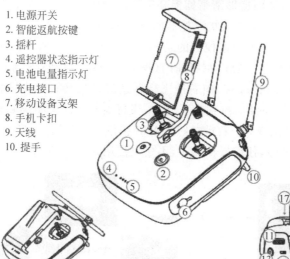
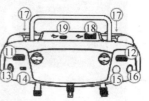

图 4-5　大疆精灵 4 Pro 飞行遥控器

表 4-1　大疆精灵 4 Pro 性能参数

大疆精灵 4 Pro 性能指标	性能参数
质量(含桨和电池)/g	1388
最大起飞海拔高度/m	6000
最大上升速度/(m/s)	6(自动飞行)/5(手动操控)
最大下降速度/(m/s)	3
最大可倾斜角度/(°)	25°(定位模式)/35°(姿态模式)
最长飞行时间/min	约 30min
可控转动范围/(°)	俯仰：$-90°\sim +30°$
影像传感器	有效像素 2000 万
照片最大分辨率	4864×3648(4∶3)/5472×3648(3∶2)

大疆精灵 4 Pro 在机身的前、后、底部均配备了先进的视觉系统，并辅以两侧的红外探测机制，以提供全方位的视觉导航与障碍物探测能力。它支持精确的定点飞行操作，设有

智能跟踪模式,并具备自动归航、室内稳定悬停及飞行功能。其相机系统配备了尺寸为13.3mm×8.8mm的2000万像素CMOS影像传感器,可捕捉高达5472×3648像素的清晰影像,像元尺寸精细至2.4um。此外,其高性能CMOS影像传感器能够显著提升图像质量,感光度高达12 800,即使在低光环境下也能呈现更多细节,确保拍摄效果卓越。

图4-6 大疆精灵4 Pro镜头

大疆精灵4 Pro搭载了焦距为9mm的高分辨率镜头(见图4-6),它是一款专为航拍设计的广角镜头,等效焦距为24mm,光圈值为f/2.8。这款镜头由7组8片全玻璃镜片构成,结合高精度防抖云台和机械快门,能够稳定地拍摄每秒高达60帧的4K超高清视频和2000万像素的高清照片。最高快门速度可达1/2000s,机械快门的应用有效杜绝了拖影现象,从而能够清晰捕捉高速运动物体。

(2)无人机遥控器的结构及功能

无人机遥控器的结构及功能如图4-7所示。遥控器连接无人机时,遥控器状态指示灯为绿色。通过左右油门(操纵杆)内八启动;左油门向上推上升,向下推下降,向左推飞行器顺时针旋转、向右推飞行器逆时针旋转;右油门前后左右推飞行器水平移动;无人机落地后,左油门拉到最下端3s,飞行器将自动关闭螺旋桨。左螺旋调镜头;右螺旋调曝光度;左键拍视频;右键拍照。ASP档位(P,可悬停一般采用P档,此模式最安全;S,完全手控不会悬停,任何操作靠手,不建议使用;A,全自动模式)。

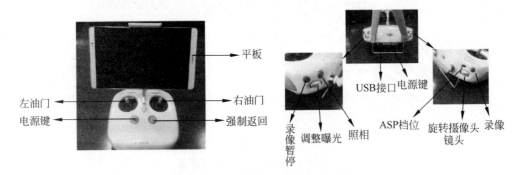

图4-7 无人机遥控器的结构及功能

(3)无人机操作注意事项

① 检查桨翼是否能正常旋转,桨翼是否旋紧,是否平滑。

② 远离人群:无人机与人之间的距离要大于3m。

③ 注意周围环境,不要在室内飞行。

④ 飞行器电量低于30%时不能起飞,最好低于35%就不要再起飞。同时注意飞行一段时间后,中途需要检查桨叶,将桨叶重新安置,防止出现问题。

⑤ 移动设备(平板、手机)要联网(Wi-Fi、热点),尽量不要用学校无线网,以免影响下载地图(加载底图)。

⑥ 遥控器天线要保持平行状态,以保证信号传输完好。

2)像控点测量

无人机进行影像采集前,需要布设像控点并进行坐标测量。确定好实习区域后,通过踏勘测区了解了测区概况,布设像片控制点。控制点布置的原则是在整个测区均匀分布,像控点点位分布总图如图 4-8 所示。为保证内业处理时刺点的准确性,尽量选择固定、平整、清晰易识别、无遮挡的区域。因为使用摄影测量布表示像控点位置,所以要用石头等重物将布的四角和中心固定,防止控制点发生移动,控制点示意图如图 4-9 所示。

图 4-8　像控点分布总图示意图

图 4-9　像控点示意图

以南方测绘的 RTK 为例,像控点坐标测量步骤如下。

(1) 首先打开手簿，新建工程并设置工程参数，设置坐标系为 CGCS2000，中央子午线默认为 114°。

(2) 打开移动站，连接移动站和手机移动网络，接收卫星信号，使用 CORS 模式采集控制点。

(3) 将接收机固定在测量布中心，单击控制点测量，显示结果后即可单击保存，得到控制点的三维坐标。

(4) 全部采集完成后导出 .dat 文件。

(5) 整理控制点坐标成果，记录在如表 4-2 所示的表格中。

表 4-2 像控点坐标成果表

控制点点号	平面坐标		高程 Z/m
	X/m	Y/m	
1			
2			
3			
⋮			

3）影像采集

(1) 准备工作

使用移动设备（手机、平板等）进行飞行控制，准备好数据线，在设备上下载安装 DJI GO 4 用于控制飞机，Pix4Dcapture 或者 DJI GS Pro 软件用于航线规划，注册并登录软件。

(2) 无人机组装

打开无人机机箱，安装螺旋桨和电池。无人机螺旋桨分为黑白两类，黑色对应黑色，白色对应白色。安装电池，检查存储卡。开机电源键先短按再长按，开机顺序为先遥控器后无人机，关机顺序为先无人机后遥控器。

(3) 操作遥控器

开机后无人机进行自检，完毕后将遥控器左右摇杆向内推，呈"内八"状，无人机启动。需注意，无人机起飞需要选取空旷区域，操作人员与无人机保持一定距离。无人机前后方向与操作人员前后方向保持一致，养成安全飞行的习惯。

无人机平稳降落地面后再把左摇杆往下推，关闭无人机。

(4) DJI GO 4 软件设置

参见 3.8.1 节无人机飞控软件 DJI GO 4 进行设置。

(5) 飞控软件控制采集影像

在 DJI GO 4 中设置完毕后，切换到 Pix4Dcapture、DJI GS Pro 或者 Umap 任一种飞控软件规划飞行航线（参见 3.8.2～3.8.4 节），并进行测区内影像采集。

4）内业处理

准备好影像数据，控制点外业测量数据后，打开 DPGrid 教育版进行影像内业处理，生成 4D 产品，具体操作详见 3.3.2 节。下文以校园影像为例，介绍重要步骤、参数设置以及处理结果，仅供参考。

(1) 新建工程

新建工程,命名路径,添加无人机原始影像,以实际采集影像情况更改航高为 120,取消勾选"按航带生产""去除转弯片""仅做快拼""运行自动转点",如图 4-10 所示。

设置投影坐标系,选择"中国 2000",中央经线为 120°,东偏移 500 000m,如图 4-11 所示。设置工程参数,更改 DEM 间隔为 1,正射影像分解率为 0.1,如图 4-12 所示。

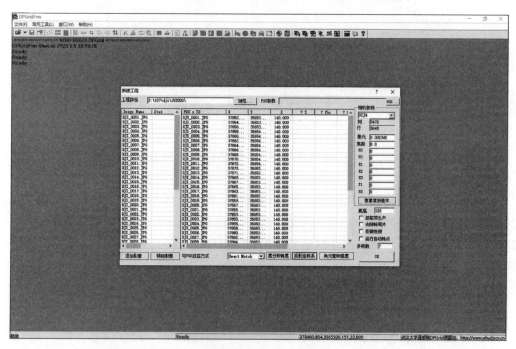

图 4-10 新建工程界面

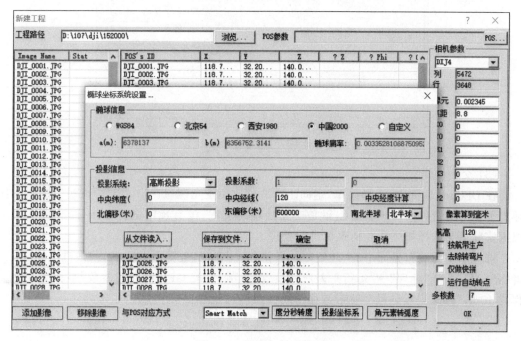

图 4-11 投影坐标系设置

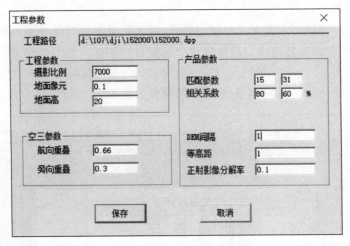

图 4-12 工程参数设置

(2) 匹配连接点

在菜单中选择"定向生产"→"空中三角测量"→"匹配连接点"选项,如图 4-13 所示。匹配连接点时勾选"粗略匹配"与"自动平差",计算机性能好可勾选"精细匹配",单击"确认"按钮,等待操作完成后可以得到连接后的影像,测区自由网建立成功。

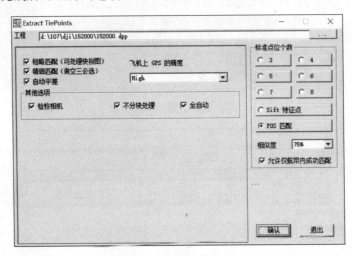

图 4-13 匹配连接点

(3) 交互编辑

在 DPGrid 软件中,选择菜单"定向生产"→"空中三角测量"→"平差与编辑"选项,系统弹出平差与编辑界面。平差与编辑是交互处理的过程,没有预定的操作顺序,作业人员需根据实际情况选择相应功能的菜单进行处理。

选择平差与编辑界面中的"处理"→"平差方式"选项,选择平差方式,一般选 iBundle 或者 XSFM。选择"处理"→"运行平差"→"设置"选项,更改 GPS 精度与参数,平面为 5m,高程为 10m,勾选"天线分量""航带漂移""线性漂移",如图 4-14 所示。

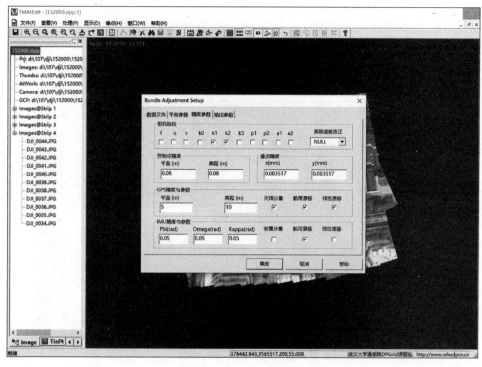

图 4-14　交互编辑界面

（4）控制点平差

首先添加控制点，在 DPGrid 程序主界面选择"文件"→"地面控制点"选项，导入"控制点.gcp"文件，有时根据外业控制点测量实际情况需要交换 X/Y，然后保存，如图 4-15 所示。

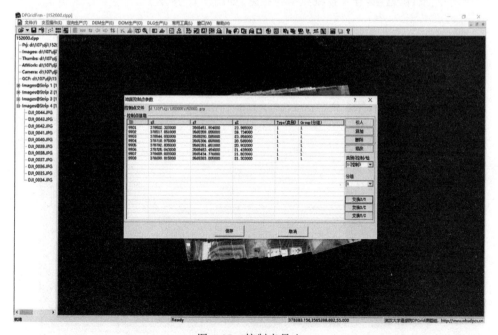

图 4-15　控制点导入

进入平差与编辑界面,双击左侧控制点进入点位界面,如图 4-16 所示。对照点之记调整控制点点位,每调整一个点都要及时保存,可通过右击选择不同的右影像,通过工具栏中的按钮可选择左影像与删除影像。

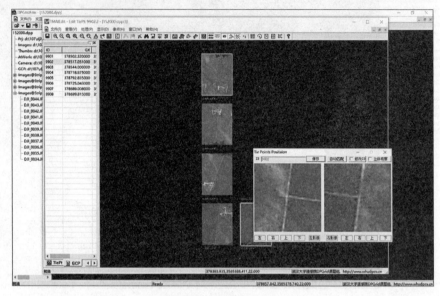

图 4-16　控制点编辑

对控制点平差,选择"定向生产"→"空中三角测量"→"平差与编辑"→"处理"→"平差方式"选项,选择控制点平差与 XSFM 平差方式,选择"运行平差"→"设置"→"GPS"选项,更改 Accuracy,Planimetry 为 5,Height 为 10,如图 4-17 所示,单击"OK"按钮等待完成。选择"处理"→"平差报告"选项,查看控制点平差结果,如图 4-18 所示。

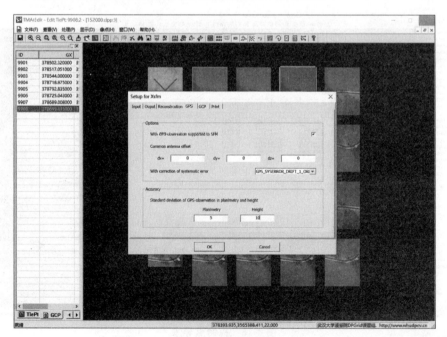

图 4-17　控制点平差

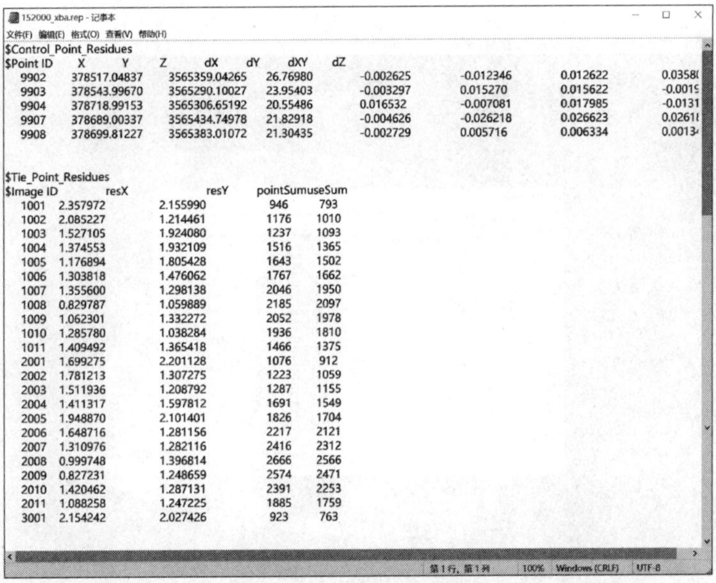

152000_xba.rep - 记事本

文件(F) 编辑(E) 格式(O) 查看(V) 帮助(H)

$Control_Point_Residues

$Point ID	X	Y	Z	dX	dY	dXY	dZ
9902	378517.04837	3565359.04265	26.76980	-0.002625	-0.012346	0.012622	0.0358(
9903	378543.99670	3565290.10027	23.95403	-0.003297	0.015270	0.015622	-0.0019
9904	378718.99153	3565306.65192	20.55486	0.016532	-0.007081	0.017985	-0.0131
9907	378689.00337	3565434.74978	21.82918	-0.004626	-0.026218	0.026623	0.0261(
9908	378699.81227	3565383.01072	21.30435	-0.002729	0.005716	0.006334	0.0013

$Tie_Point_Residues

$Image ID	resX	resY	pointSum	useSum
1001	2.357972	2.155990	946	793
1002	2.085227	1.214461	1176	1010
1003	1.527105	1.924080	1237	1093
1004	1.374553	1.932109	1516	1365
1005	1.176894	1.805428	1643	1502
1006	1.303818	1.476062	1767	1662
1007	1.355600	1.298138	2046	1950
1008	0.829787	1.059889	2185	2097
1009	1.062301	1.332272	2052	1978
1010	1.285780	1.038284	1936	1810
1011	1.409492	1.365418	1466	1375
2001	1.699275	2.201128	1076	912
2002	1.781213	1.307275	1223	1059
2003	1.511936	1.208792	1287	1155
2004	1.411317	1.597812	1691	1549
2005	1.948870	2.101401	1826	1704
2006	1.648716	1.281156	2217	2121
2007	1.310976	1.282116	2416	2312
2008	0.999748	1.396814	2666	2566
2009	0.827231	1.248659	2574	2471
2010	1.420462	1.287131	2391	2253
2011	1.088258	1.247225	1885	1759
3001	2.154242	2.027426	923	763

第1行，第1列 100% Windows (CRLF) UTF-8

图 4-18 控制点平差结果

(5) 生成模型

在主界面选择“定向生产”→“空中三角测量”→“生成模型”选项，立体模型参数按照如图 4-19 所示设置，选择“自动产生”选项，单击“确认”按钮等待完成。

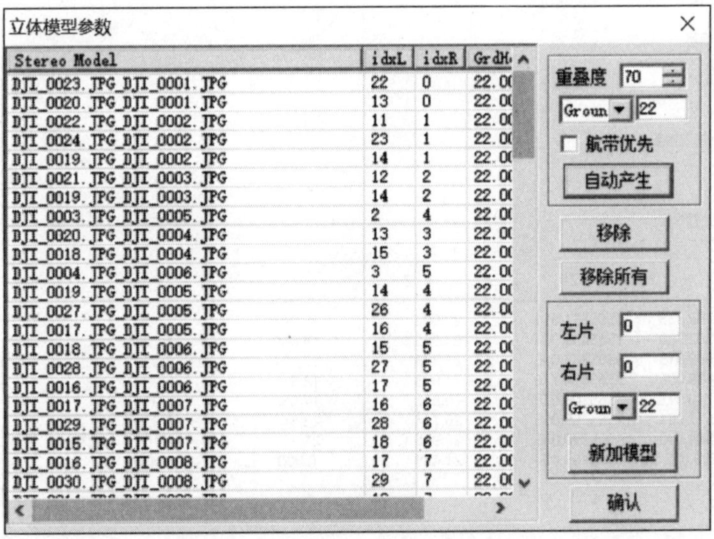

图 4-19 立体模型参数设置

在主界面中选择“DEM 生产”→“密集匹配”选项，设置 DEM 间隔为“1”，匹配方法按需要选择“ETM 双扩展匹配”选项，如图 4-20 所示，单击“OK”按钮等待完成。

在“DEM 生产”中可以选择 DEM 渲染、DEM 拼接、点云处理、DEM 质检等操作，可以得到 DEM 质检报告，如图 4-21 所示，最后显示均方根值(root mean square，RMS)的结果，作为最终评定 DEM 精度的依据。

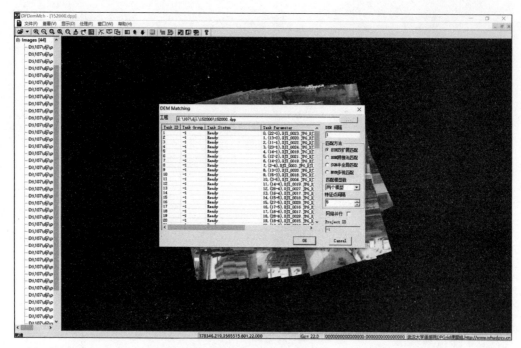

图 4-20 密集匹配

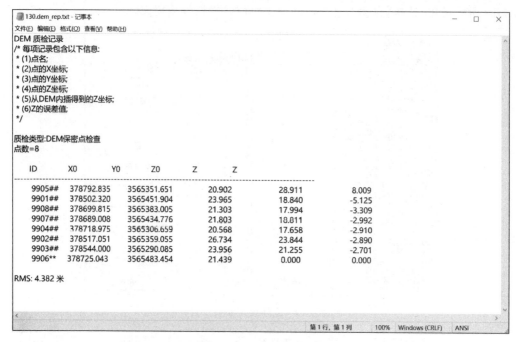

图 4-21 DEM 质检报告

在主界面中选择"DOM 生产"→"正射生产"选项,如图 4-22 所示,单击"确认"按钮等待完成。然后进行 DOM 拼接、DOM 编辑、DOM 质检操作,导出质检报告,如图 4-23 所示,最后给出的均方根误差作为评定 DOM 生成质量的依据。

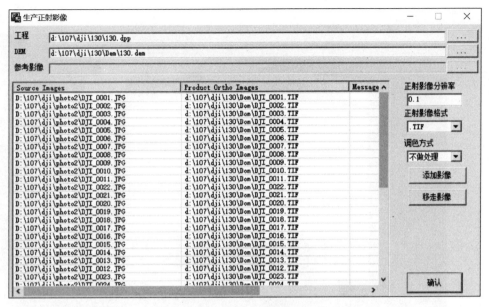

图 4-22 正射生产

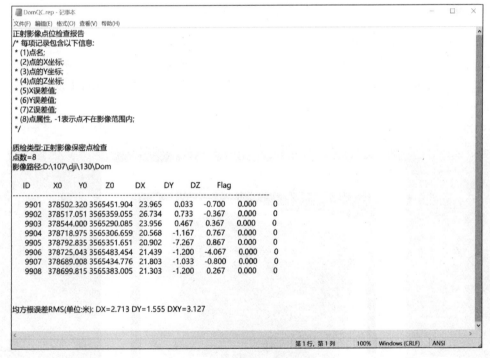

图 4-23 DOM 质检报告

在主界面中选择"DOM 生产"→"正射分幅"选项,选择"文件"菜单→"添加 DOM 影像"选项,选择"分幅"菜单,鼠标框选需要划分的区域,查看及修改图幅名称等,如图 4-24 所示,单击"确定"按钮等待完成。

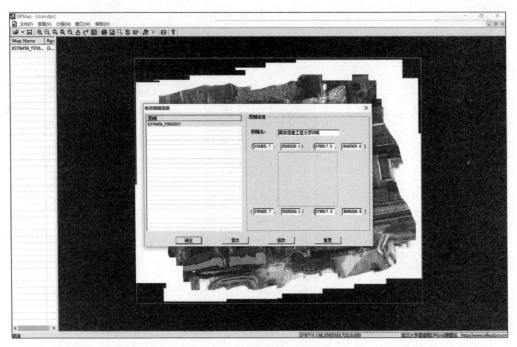

图 4-24　DOM 修改图幅

在主界面中选择"DOM 生产"→"影像地图"选项,选择菜单中"设置"选项设置图廓参数,坐标系选择"中国 2000",中央经线 120°,输入合理的图幅号,鼠标框选出图范围,设置图幅参数,修改部分参数(图名等),打开"处理"菜单选择"输出结果图"选项,生成影像地图如图 4-25 所示。

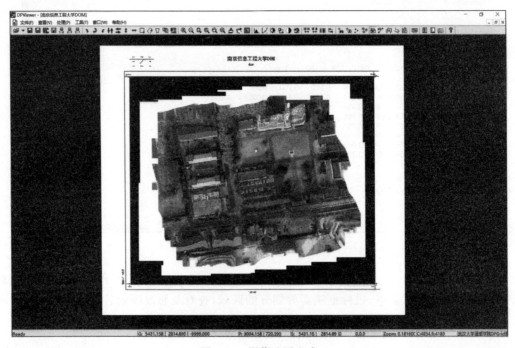

图 4-25　影像地图生成

在主界面中选择"DLG 生产"→"立体测量图"选项,打开"文件"菜单选择"新建"并命名,在"Stereo Images"列表栏中右击选择测区(.dpp 文件),导入 DOM 影像,在"文件"菜单中选择模型使用范围,在 Stereo Images 窗口中双击一个模型,开始测图并勾画地物,如图 4-26 所示,最后导出.dxf 格式文件。

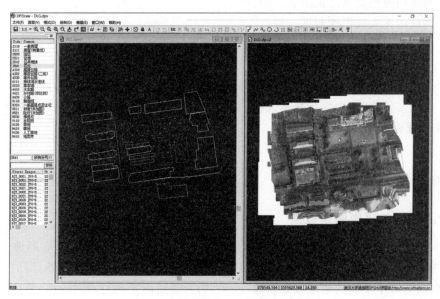

图 4-26　DLG 绘制

在主界面中选择"DLG 生产"→"整饰出版"选项进行图廓整饰,打开"文件"菜单,选择"打开"选项,载入.dpv 文件;选择"设置"选项设置图廓参数,坐标系选择"中国 2000",中央经线 120°;鼠标选择出图范围;设置图幅参数,修改部分参数(图名等),处理输出结果图,如图 4-27 所示。

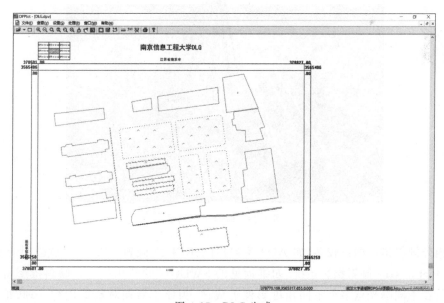

图 4-27　DLG 生成

4. 实习结果

1）以小组为单位完成

（1）测区内外业影像控制点坐标数据一份。

（2）测区内像控点点之记图表一份。

（3）测区内无人机影像数据一份。

（4）小组针对外业集体工作实习报告一份。

2）个人完成

（1）内业处理成果,包括测区无人机影像数据生成的 DEM、DOM、DLG 成果。

（2）个人实习报告,内容包括本人在小组工作中主要承担的任务、内业数据处理流程以及各操作步骤成果等。

4.2 倾斜摄影测量

4.2.1 倾斜摄影测量概述

倾斜摄影测量技术是近年来航测领域逐渐发展起来的一项高新技术,它颠覆了以往正射影像只能从垂直角度拍摄的局限,通过在同一飞行平台上搭载多台传感器,同时从 1 个垂直、4 个倾斜等 5 个不同的角度采集影像(图 4-28)。通过同方向的倾斜像对,采集丰富的地物侧面影像和位置信息,即可形成地物侧面的前方交会测量数据,基本消除立体像对同名点的死角,从而能够获取地面物体更为完整准确的面貌。

图 4-28 倾斜摄影测量

国内外倾斜摄影相机较多,如 ADS 系列相机、RCD30 倾斜航摄仪、微软公司的 UCO-P 航摄仪、Pictometry 倾斜摄影系统、四维远见的 SWDC-5 倾斜相机等。倾斜摄影可使同一特定地物在不同曝光点多个不同角度影像上成像,为便于后期对数据进行处理,拍摄影像时需同时获取曝光时间、平面位置、航高、大地高、飞行姿态等数据。

将无人机与倾斜摄影技术相结合,是实现低成本、快速建立城市三维实景模型的有效方式。由于无人机飞行高度低,所拍摄的倾斜像片分辨率高,色彩更加接近人眼观测颜色,能够显著提高城市三维模型的真实感。基于倾斜摄影测量技术的三维实景建模的技术流程如图 4-29 所示。

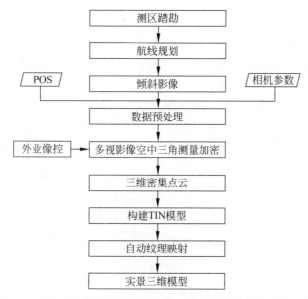

图 4-29　基于倾斜摄影测量技术的三维实景建模的技术流程图

具体步骤包括以下几个方面。

(1) 准备工作。测区范围划定后,首先需进行现场踏勘,查看航飞区域现场周边有无特殊情况。然后确定飞机型号、相机类型以及时间和人员安排等。

(2) 航高设计。根据航摄区域地物高度、地面分辨率等综合情况进行航高设计。

(3) 航线布设。在布设航线时,要根据测区走向进行航线的布设,同时要确保首末航线的侧视镜头获取的影像能够覆盖测区。航向覆盖超出航摄区域边界线至少 3 条基线,像片航向重叠与旁向重叠一般设计为 70%～80%。

(4) 像控点布设。像控点是航测内业加密的依据,像控点按区域网布设,由于倾斜摄影重叠度高、有多视角影像,且自身带有 POS 数据,外业布设像控点基线跨度可适当放宽,但在加密过程中检查点精度必须满足精度指标。

(5) 数据获取。利用飞行平台搭载倾斜摄影测量系统进行航飞,获取地面物体多视角影像以及 POS 系统采集的初始外方位元素数据等。

(6) 多视角影像空中三角测量。首先从多视角影像中提取特征点,采用多视密集匹配技术将特征点中的同名点进行配准,通过光束法区域网平差、影像畸变改正后,计算出每张影像精确的外方位元素。

(7) 三维重建和纹理映射。利用多视影像提取的同名点坐标,生成地物高密度、高精度的三维点云数据,对点云数据构建不规则三角网,形成 TIN 模型,并生成白膜模型。将纹理影像与 TIN 模型进行配准,生成三维实景模型成果。

4.2.2 单镜头倾斜摄影测量影像采集

在实际教学中,受教学条件所限,也可以使用单镜头无人机通过三轴云台改变相机视角,再根据地物情况和航摄要求设计不同航线方案进行倾斜摄影,也能获取倾斜影像数据。

1. 交叉线型航线影像采集方法

单镜头无人机每条折线型航线只能获取地物一个角度的影像数据,为获取满足倾斜摄影测量要求的影像数据进行三维建模,需从不同方向设计折线型航线并调整相机角度,多次采集。

为获取建筑物 1 个垂直方向和 4 个倾斜方向的倾斜影像数据,可设计 5 条交叉线型航线模拟倾斜摄影测量,见图 4-30。其中,航线 1 为垂直摄影航线,航线 2 为左向倾斜摄影航线,航线 3 为前向倾斜摄影航线,航线 4 为右向倾斜摄影航线,航线 5 为后向倾斜摄影航线。

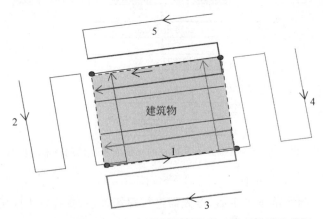

图 4-30　单镜头无人机倾斜摄影测量交叉线型航线示意图

2. 环绕型航线影像采集方法

针对建筑物倾斜影像摄影时,可使用多旋翼单镜头无人机在预设高度和飞行半径内,环绕目标建筑物进行巡航。该航线能够全面捕获建筑物的影像细节,以保障后续三维建模的精准度。在飞行过程中,无人机需确保影像重叠度达标,并完成至少一次无间断的环绕飞行,以获取全面且高质量的影像数据。为了优化影像质量、避免航摄遗漏,以及获取更高分辨率的图像,无人机可根据需要调整飞行高度,降低地面采样距离,从而更全面地拍摄试验区,采集过程如图 4-31 所示。环形航线虽能全面覆盖目标区域,但其在影像上的地面采样距离波动显著。逐一针对各独立地物进行环绕摄影会降低作业效率,并导致时间和人力资源的额外消耗。因此,此航线设计更适宜于特定区域的拍摄任务,如独立建筑、山顶或大型雕塑等离散块状地物的三维建模。

4.2.3 建筑物三维建模

随着科技的发展,基于倾斜摄影测量的三维模型制作越来越简单,只需将外业采集的影像数据和像控点数据导入专业的建模软件中,并根据软件操作说明上的步骤进行操作即可自动构建三维模型。摄影测量软件在构建模型时的原理与流程基本一致,主要包括影像

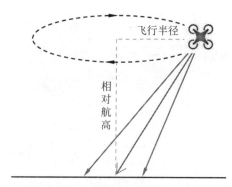

图 4-31　单镜头无人机倾斜摄影测量环绕型航线示意图

的预处理、多视影像联合平差、影像密集匹配、构建三维三角网和纹理映射。

1. 影像的预处理

受相机、天气、光照等因素的影响,影像会产生几何畸变等不利于三维重建的因素,为防止这些因素对模型产生不利影响,需要对影像的几何变形进行畸变校正,对影像的亮度、颜色等进行匀光匀色处理。

2. 多视影像联合平差

与传统空中三角测量不同,倾斜摄影测量需考虑因为影像角度不同而导致的影像畸变和遮挡的情况。一般先获取外方位元素,根据特征提取同名像点;然后采用光束法区域网平差技术将模拟的影像光束作为平差计算的基本单元,将共线方程作为数学模型,将相邻影像间的公共交点坐标、控制点坐标等数据作为平差条件;最后列出控制点和加密点的误差方程,从而对测区进行区域网平差解算,得出每张影像的外方位元素和加密点地面坐标。

3. 影像密集匹配

通过影像密集匹配所获取的数据为三维点云数据,三维点云数据是构建三维三角网和纹理映射的前提,常见算法有基于面片的多视影像密集匹配算法和基于深度学习模型的影像密集匹配方法。

4. 三维三角网和纹理映射

根据密集点云数据可以依靠算法构成多个三维三角网,再由多个连续的三角网组成三维模型,但此时的模型仅为三维 TIN 模型,再将影像数据的二维纹理和几何纹理映射至三维物体表面,即可得到具有逼真纹理的三维模型。

三维建模一般通过内业处理软件实现,以 Context Capture Master 软件为例,其三维建模流程如图 4-32 所示。

4.2.4　倾斜摄影测量综合实习

1. 实习目的与要求

运用所学航空摄影测量基础理论知识与课内实验已经掌握的基本技能,完成倾斜摄影测量综合实习,通过团队分工合作,提高学生组织协调以及与人合作的能力。

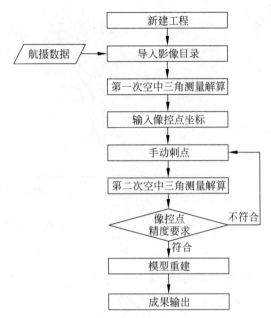

图 4-32　无人机倾斜摄影三维建模流程图

(1) 了解无人机倾斜摄影测量重要理论。
(2) 熟悉单镜头无人机倾斜摄影航线设计方案。
(3) 掌握单镜头无人机倾斜摄影影像采集操作流程。
(4) 掌握一种倾斜摄影测量数据处理软件,针对独立建筑物建立三维模型。

2. 实习内容

在学习无人机操作和倾斜摄影测量的相关理论和实践知识基础上,以小组为单位在校园内进行实习,具体包括以下内容。
(1) 无人机操作学习及安全教育。
(2) 单镜头无人机倾斜摄影测量影像采集。
① 全班分组,选择独立建筑物进行航线设计,完成单镜头无人机倾斜摄影影像采集,获得测区内影像。
② 根据需要进行像控点外业数据采集,获得像控点坐标。
(3) 倾斜摄影测量内业处理,完成建筑物三维建模。

3. 实习指导

无人机的安全操作以及像控点外业测量相关操作和注意事项参见 4.1.5 节。本节重点介绍内业处理使用的 Context Capture Master 软件,建筑物三维建模过程中,无论是五镜头倾斜摄影机拍摄影像,还是单镜头无人机倾斜摄影采集,影像内业建模过程基本一致。以环绕形航线获取的影像进行三维建模为例,具体操作步骤如下。
(1) 新建工程。打开 Context Capture Master 软件,设置工程名称、工程目录,注意全英文输入,见图 4-33。
(2) 添加影像并检查文件。在模型构建过程中,首先需导入并校验影像数据。在"图片"

模块中,单击"导入图片"按钮,选择单张或批量导入建模所需的照片。随后,单击"检查影像文件"按钮,勾选"只检查影像文件头(较快)"选项,快速完成影像文件的初步检查,见图 4-34。

图 4-33　Context Capture Master 软件新建工程　　　图 4-34　检查影像文件

(3)提交第一次空中三角测量。在 General 设置中,单击"空三运算提交"按钮,设定输出区块名与描述,下一步进入地理参考定位流程。打开 Context Capture Center Engine 运算引擎,此时开始空中三角测量运算,见图 4-35。

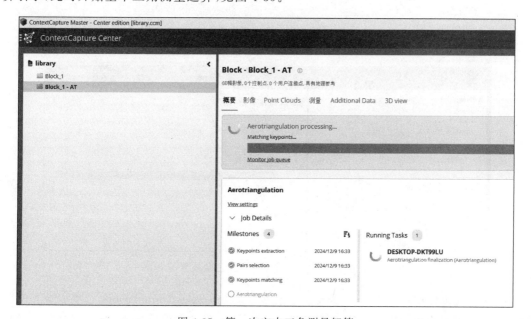

图 4-35　第一次空中三角测量解算

（4）进行第二次空中三角测量（空三运算）。添加控制点或使用默认的照片坐标,见图 4-36。选择相应的坐标系并进行手动刺点,提交第二次空三运算,运算过程见图 4-37,结束后查看质量报告并检验结果是否符合像控点精度要求。

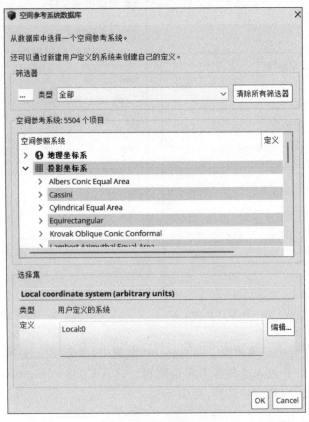

图 4-36　选择坐标系

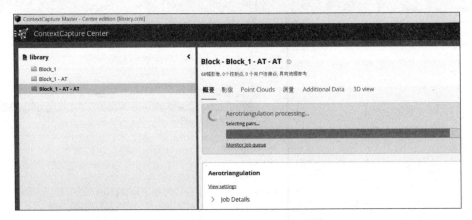

图 4-37　第二次空中三角测量解算

（5）新建重建项目。在 Reconstruction 界面中,选择 Spatial Framework 选项以调整空间架构。根据模型构建的具体需求,划定建模区域的界限,确认无误后单击"Accept"按钮。依据计算机内存情况,设定 Tile 尺寸并自动评估其所需的最大运行内存,建模结果见图 4-38。

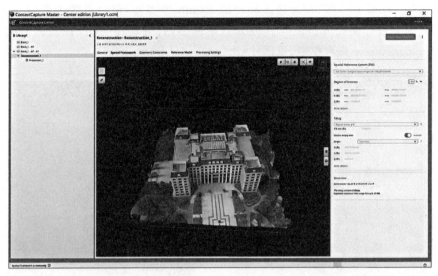

图 4-38 建模结果

(6)提交三维重建。编辑完空间框架后提交三维重建。输入模型名称,选择输出结果,设置坐标和模型输出范围并检查,选择输出类型为 ContextCapture 3MX,见图 4-39。

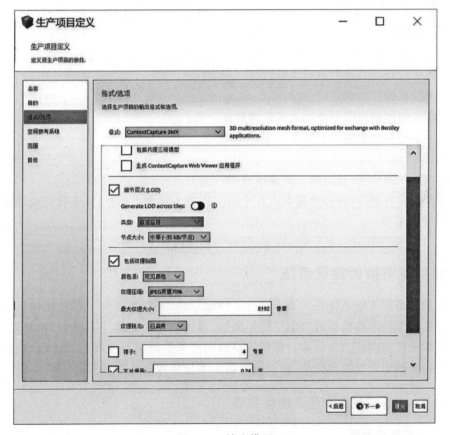

图 4-39 输出模型

（7）查看三维模型。在 3MX 格式模型的 Result 中查看，可以直观地看到三维模型的渲染结果。如果进行模型分析或与其他人分享模型，打开输出目录，找到模型文件，使用 Context Capture View 查看模型，见图 4-40。

图 4-40　Context Capture Viewer 查看模型

4. 实习结果

1）以小组为单位完成

（1）测区内外业影像控制点坐标数据一份。

（2）测区内像控点点之记一份。

（3）建筑物倾斜摄影测量无人机影像数据一份。

（4）小组针对外业集体工作实习报告一份。

2）个人完成

（1）内业处理成果，建筑物三维建模成果一份。

（2）个人实习报告，内容包括本人在小组工作中主要承担任务、内业数据处理流程以及各操作步骤成果等。

4.3　模拟航空摄影测量系统

模拟航空摄影测量系统在 3.2 节进行了详细介绍，实践教学中可以使用该系统通过相机获取沙盘模型的影像模拟野外航空摄影测量，通过内业处理像片完成 4D 产品生产，实现对学生摄影测量实践能力的锻炼。模拟航空摄影测量系统实习主要包括沙盘控制点测量、模拟航空摄影测量系统影像采集、模拟航空摄影测量影像内业处理三部分。

4.3.1　沙盘控制点测量及影像采集

1. 沙盘控制点测量

针对沙盘模型进行模拟航空摄影测量，需要获得沙盘控制点的坐标。沙盘采用独立坐标系,坐标原点设置在实验室地面,轴向选择可以根据需要以及实验室条件而定,一般以与旁向移动轨道平行的方向为 X 轴,以与航向移动轨道平行的方向为 Y 轴,坐标轴指向根据需要选择,垂直平面 XOY 向上为 Z 轴建立局部左手坐标系。沙盘控制点布设详见 3.2.1 节,各控制点在沙盘上的位置见图 4-41。

将布设于地面的反射贴片原点作为测站点,布设于墙面的反射贴片作为后视点;测站点架设仪器,整平对中,输入测站点与后视点的坐标数据,照准墙面的反射贴片进行后视定向,定向完成后采集沙盘控制点坐标,如图 4-42 所示,像控点数据记录在表 4-3 中。

图 4-41　像控点位置图　　　　　　　图 4-42　像控点测量

表 4-3　沙盘像控点坐标　　　　　　　　　　　　　单位:m

控制点号	X	Y	Z
1			
2			
3			
⋮			

2. 模拟航空摄影测量系统影像采集

利用模拟航空摄影测量系统进行沙盘影像采集,主要采用正直摄影,具体详见 3.3.2 节。轨道参数设置按常规设置即可,用户参数设置可以根据需要设置。例如,设置航向长度为 3600mm,旁向长度为 4800mm,航向重叠度为 65%,旁向重叠度为 38%,则自动计算航线数为 4 条、航向曝光点数为 7、航向基线长度为 597mm、旁向基线长度为 158mm,通过运行电机手动曝光逐一拍摄照片,将图片存储在设置好的存储路径里面,即可完成模拟航空摄影测量的影像采集任务,如按上述参数设置可拍摄 28 张像片,如图 4-43 所示。

4.3.2　模拟航空摄影测量影像内业处理

通过模拟摄影测量系统采集的沙盘影像,进行内业数据处理,可以得到沙盘的数字高程模型 DEM、正摄影像 DOM 以及质量报告等。本节用 Pix4Dmapper 软件(图 4-44)进行内业处理,介绍模拟航空摄影测量系统采集影像的内业处理过程。

图 4-43 模拟航空摄影测量影像采集成果

图 4-44 Pix4Dmapper 主界面

1. 新建项目

打开软件新建项目；输入名称，选择项目路径，见图 4-45；添加影像，见图 4-46；改变坐标系为任意；选择输出坐标系；选择处理选项模板——3DMaps。

2. 控制点刺点

导入控制点，见图 4-47，注意坐标顺序，删减不用的控制点。在平面编辑器中进行控制点刺点，如图 4-48 所示。

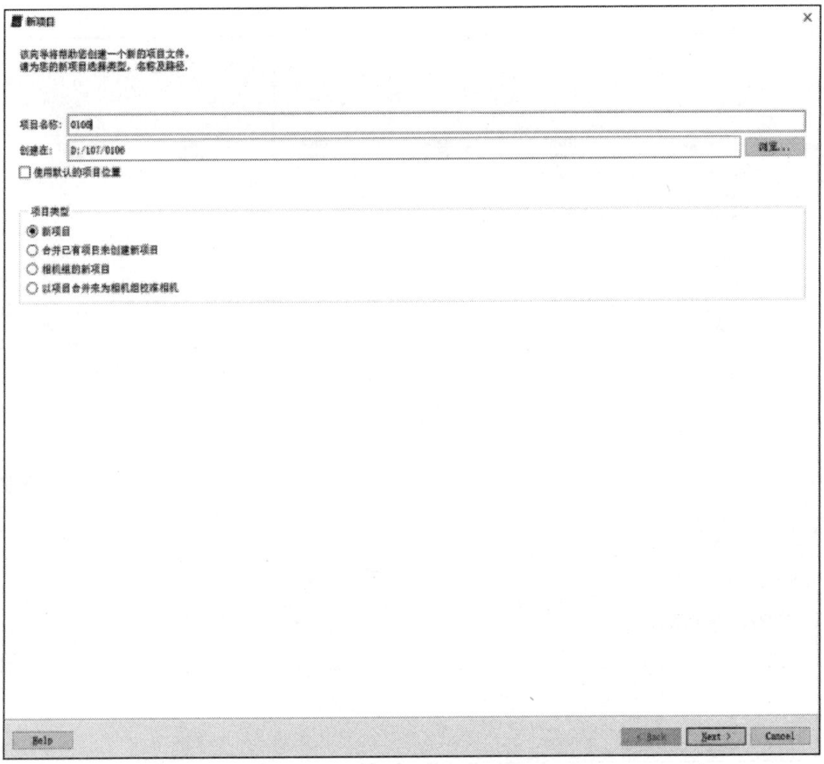

图 4-45　Pix4Dmapper 新建工程

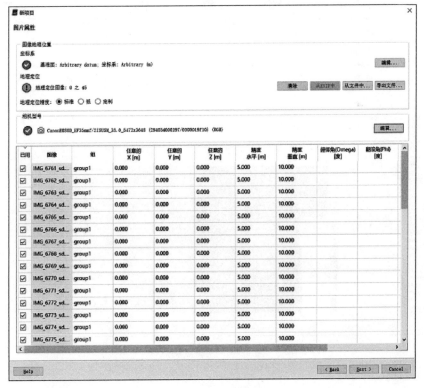

图 4-46　添加影像

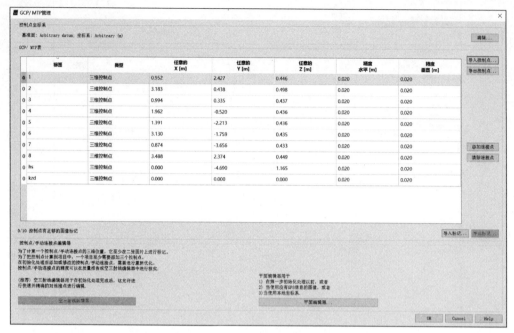

图 4-47 导入控制点

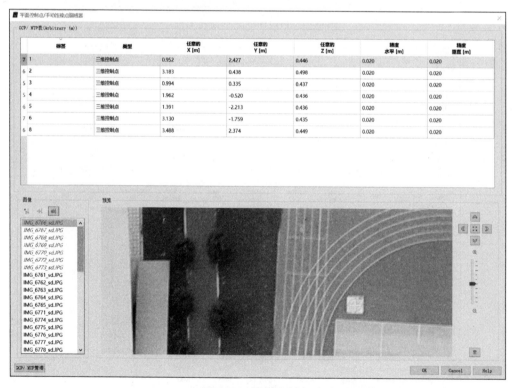

图 4-48 控制点刺点

3. 生成结果

刺点后开始处理数据，见图 4-49。生成的 DSM 及 DOM 成果见图 4-50 和图 4-51。

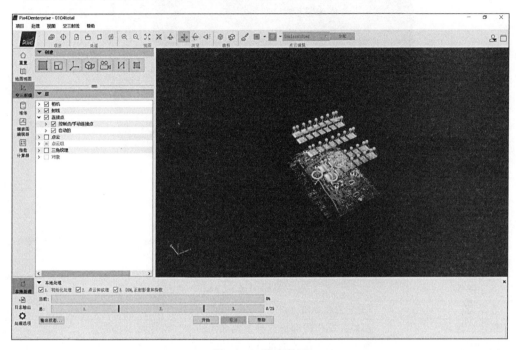

图 4-49　处理界面

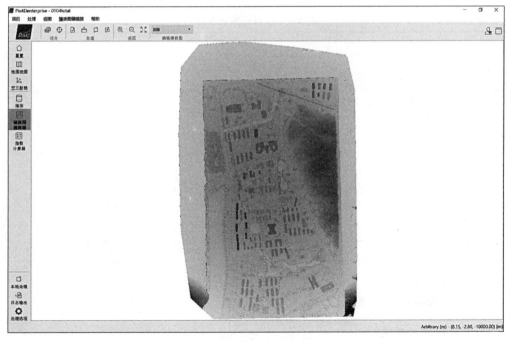

图 4-50　DSM 成果

图 4-51　DOM 成果

4. 质量报告

软件可以对处理结果进行质量检查,质量检查结果见表 4-4,控制点检查结果见表 4-5。

表 4-4　质量检查结果

图像	每幅图像 32 844 个关键点的中值
数据集	45 个图像中有 45 个已校准(100%),所有图像均已启用
摄像机优化	初始和优化内部摄像机参数之间的相对差异为 25.53%
匹配	每个校准图像的中位数为 14 057.6 次匹配
影像配准	7 个 GCP(7 个 3D)平均均方根误差=0.01m

表 4-5　控制点检查结果

GCP 名称	精度/m	误差/m			投影误差/像素
	XY/Z	X	Y	Z	
1(3D)	0.020/0.020	−0.004	0.001	0.020	0.586
2(3D)	0.020/0.020	−0.003	−0.002	−0.034	0.435
3(3D)	0.020/0.020	0.002	−0.000	−0.025	0.419
4(3D)	0.020/0.020	0.004	0.001	−0.032	0.566
5(3D)	0.020/0.020	0.000	0.002	0.031	0.601
6(3D)	0.020/0.020	−0.003	−0.003	0.016	0.515
8(3D)	0.020/0.020	0.002	0.002	0.025	0.548
平均值/m		−0.000 032	−0.000 046	0.000 271	
σ/m		0.002 909	0.001 837	0.026 778	
均方根误差/m		0.002 909	0.001 838	0.026 779	

4.3.3　模拟航空摄影测量系统综合实习

1. 实习目的与要求

运用所学航空摄影测量基础理论知识与课内实验已经掌握的基本技能,完成模拟航空摄影测量系统综合实习,通过团队分工合作提高学生组织协调以及与人合作的能力。

(1) 了解无人机低空摄影测量重要理论。
(2) 了解模拟航空摄影测量系统。
(3) 掌握模拟航空摄影测量系统影像采集方法及流程。
(4) 能够利用影像内业处理软件完成模拟航空摄影测量数据处理,生成 4D 产品。

2. 实习内容

以小组为单位在模拟航空摄影测量实验室进行实习,具体包括以下几点。
(1) 模拟航空摄影测量系统认识实习及安全教育。
(2) 模拟航空摄影测量系统数据采集。
① 分组完成模拟航空摄影测量系统沙盘控制点坐标测量。
② 分组完成模拟航空摄影影像采集。
(3) 每人完成模拟航空摄影测量内业处理。

3. 实习指导

参见 4.3.1 节和 4.3.2 节完成模拟航空摄影测量沙盘控制点测量、模拟航空摄影测量影像采集以及影像内业处理。

4. 实习结果

1) 以小组为单位完成
(1) 模拟航空摄影测量系统沙盘控制点坐标数据一份。
(2) 模拟航空摄影测量系统航空摄影影像数据一份。
(3) 小组针对沙盘控制点测量和影像采集作出集体工作实习报告一份。
2) 个人完成
(1) 内业处理成果,包括模拟航空摄影测量系统沙盘影像数据生成的 DSM、DOM 成果以及质量报告。
(2) 个人实习报告,内容包括本人在小组工作中主要承担的任务、内业数据处理流程及各操作步骤成果等。

参考文献

[1] 王之卓.摄影测量原理[M].北京:测绘出版社,1979.
[2] 王佩军,徐亚明.摄影测量学(测绘工程专业)[M].3版.武汉:武汉大学出版社,2005.
[3] 张祖勋,张剑清.数字摄影测量学[M].武汉:武汉大学出版社,2012.
[4] 潘励,段延松,刘亚文,等.摄影测量学[M].3版.武汉:武汉大学出版社,2023.
[5] 段延松.数字摄影测量4D生产综合实习教程[M].武汉:武汉大学出版社,2014.
[6] 段延松,曹辉,王玥.航空摄影测量内业[M].武汉:武汉大学出版社,2018.
[7] 刘亚文,段延松,柯涛.摄影测量综合实习教程[M].武汉:武汉大学出版社,2018.
[8] 段延松.无人机测绘生产[M].武汉:武汉大学出版社,2019.
[9] 陈振杰,束蝉方,李振,等.测量学教程[M].6版.北京:测绘出版社,2024.
[10] 季顺平.智能摄影测量学导论[M].北京:科学出版社,2018.
[11] 全国地理信息标准化技术委员会.低空数字航摄与数据处理规范:GB/T 39612—2020[S].北京:中国标准出版社,2020.